Die Tiroler-Jagd im Jahresverlauf

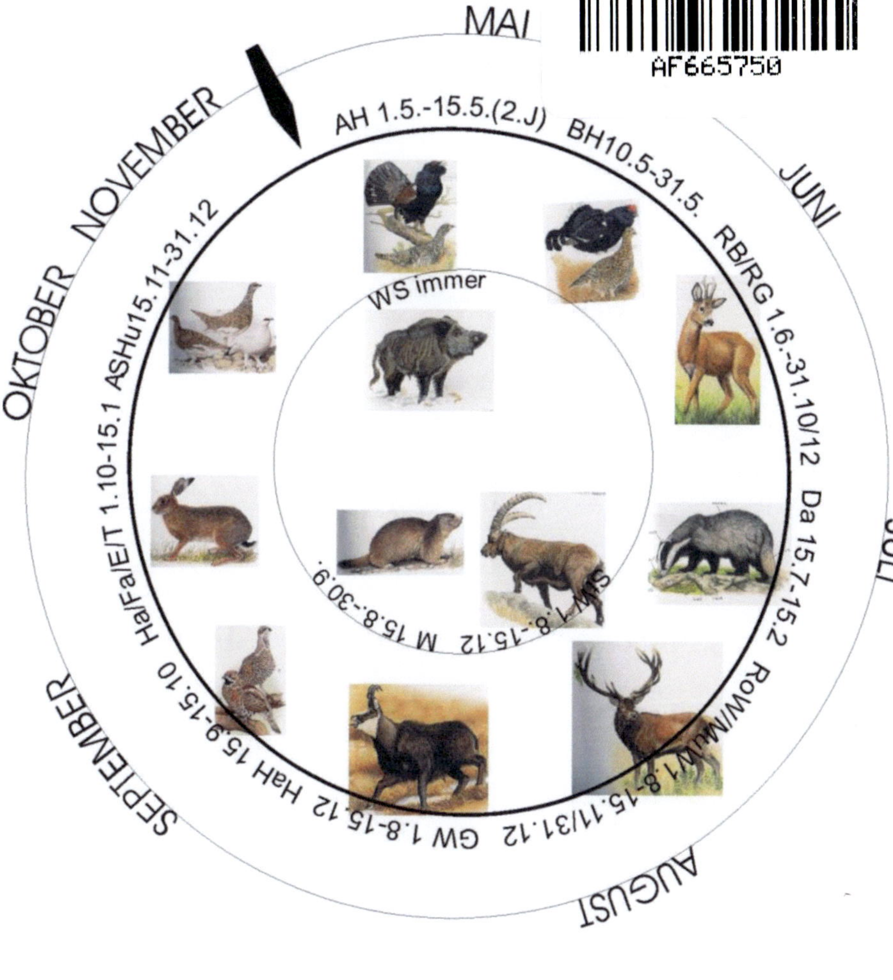

AF665750

FSC
www.fsc.org
MIX
Papier aus verantwortungsvollen Quellen
Paper from responsible sources
FSC® C105338

Herstellung und Verlag:
BoD - Books on Demand, Norderstedt
ISBN 978-3-8391-1953-2

Ausgabe: 2014/Neuüberarbeitung 2017

Liebe Leser,

geht hinaus und erlebt die Natur mit allen Euren Sinnen, dann wißt Ihr, warum wir hinausgehen zur Jagd, dann werdet Ihr verstehen!

Jedes waidgerecht erlegte Wild, dessen Fleisch genutzt wird, erspart einem Nutzvieh einen grausamen Tot.

Es ist allen gewidmet, die mit mir auf Jagd unterwegs waren, und sein werden!

WIE´S BEGANN

Alle sind im Haus oder m Garten beschäftigt, „ich gehe ein bischen Spazieren", rufe ich in den kühlen dunklen Flur hinein, auf dessen dunkelrotem Fliesen die Sonne ihre Strahlen tanzen läßt, und gehe rasch ohne auf Antwort zu warten durch die Haustüre. Endlich frei, jubelt erleichtert mein Herz.

Noch schnell die Straße hoch und rasch verschwinden, bevor mich noch jemand zurückholt.
Eilig stapfe ich auf der Schotterstraße dem Wald entgegen. Der Schweiß rinnt mir über das rote verschwitzte Gesicht in meine Augen, Fliegen schwirren lästig um mich herum, doch schnell weiter. Endlich bin ich an den Wiesen angelangt und außer Sichtweite.

Herrlich, alle Probleme sind vergessen, ich schleiche vorsichtig durch das hohe Gras, ducke mich zwischen dem Bärenklau, der seine dicken grünen Stängel in den Himmel streckt, schiebe die dicht aneinander wachsenden, hüfthohen Gräser und Blumen beiseite um überhaupt durch zu kommen. Schon lange hat hier keiner mehr gemäht. Ringsum ist die Luft erfüllt vom Summen, Brummen und Zirpen eines heißen Sommertages.

Wieder streiche ich einen Käfer ab, der auf meiner Schulter gelandet ist. Irgendwann einmal werde ich im Wald leben, denke ich, eine kleine Blockhütte, Wasser vor der Tür, ein Ofen und ein Bett und ich wäre glücklich.

Mit solchen Gedanken beschäftigt, entdecke ich plötzlich ganz nah ein Reh. Vertraut nascht es an den Blättern ringsum ohne mich zu entdecken. Schnell verberge ich mich zwischen dem hohen Gras und beobachte es eine ganze Weile aus meinem Versteck heraus, dann ziehe ich mich zurück und gehe einen anderen Weg.

So habe ich in meiner Kindheit die ganze Umgebung rings um mein Heimathaus in Niederösterreich entdeckt und unsicher gemacht. Meine Mutter war oft genug böse auf mich, wenn ich wieder einmal die Zeit vergaß und erst, schon lange nach dem Dunkel werden, nach Hause kam und bestrafte mich.
Da ich für meinen Vater so etwas wie der „Sohnersatz" war, konnte ich mir mit blutjungen sieben so einige Freiheiten erlauben, die meine Schwester erst gar nicht versuchen durfte. Es nützte alles nichts, immer wieder zog es mich in den Wald, auch wenn ich Hausarrest hatte. Ich „büxte" zu irgendeinem nahen Nachbarn, mit „tierischem Anhang", aus und Vater lachte nur.

Gleich um die Ecke, beim nächsten Bauern saß ich bei der rosaroten Muttersau und „hopperlte" das kleinste Ferkerl, das unbedingt meine Fürsorge brauchte. Oder ich besuchte die krummbeinige alte Nachbarin mit ihrem dicken Mischlingshund, der mir freudestrahlend, mit einem eben ausgegrabenen verfault stinkenden Ei im Maul, entgegen lief und es mir Beifall heischend vor die Füße legte. Wenn beim Bauern den Hasen das Fell über die Ohren gezogen wurde, blieb ich lieber nebenan bei den Truthähnen und versuchte sie vergeblich zu zähmen. Nur der Gockel vom Hias, lief seit neuestem immer vor mir davon, seit ich ihn mit Heidelbeeren so verwöhnt hatte, daß er drei Tage Durchfall bekam.
Jedem war bekannt, daß ich keinen Tierfilm versäumte, meine Freizeitentspannung war Film oder Tier und Wald in „Natura". Wäre da nicht die „normale Welt" mit ihrer blöden Schule gewesen, außerdem wurde ich älter und sollte endlich erwachsen werden.
Doch eines Tages, viele Jahre später, bot sich mir die Gelegenheit wieder etwas über das Leben im Wald zu erfahren. Ich war beglückt als sich die Gelegenheit ergab für die Jagdprüfung mitlernen zu können.

Wald und Wild, noch immer meine heimliche Liebe!

Wir saßen eines Abends prustend vor Lachen, mit einem guten Bekannten und Jäger, im „Kellerstüberl“ meiner Eltern und hielten uns die schmerzenden Bäuche. Ein Jägerwitz folgte dem nächsten, als unser Bekannter plötzlich mitten drinnen meinen Vater “häkerlte“, „ Na traust du dich, es dir deiner Frau nachzumachen und trittst auch zur Jagdprüfung an, oder bist du zu feige? Sogar einen Privatunterricht biete ich dir an!“ (Meine Mutter hatte im Jahr davor die Jagdprüfung bestanden.)
Das ließ sich Vater nun nicht mehr gefallen und schon eine Woche später saßen wir, mittlerweile dann zu sechst, um den Tisch versammelt.
Mit „Argusaugen und -ohren“ überwachte Mutter unsere Fortschritte und warf immer wieder Ergänzungen in die Runde. Ich glaube sie wollte nur zeigen, daß sie noch nichts vergessen hatte.
Ich liebte diese aufregenden Abende! Wenn es nach mir gegangen wäre, hätte es immer so weiter gehen können. Nie wurde es langweilig! Zwischen Scherzen und Lachen lernten wir fast nebenbei für die Prüfung. In den Nächten danach träumte ich dann von Tragzeiten, vom Nachwuchs, vom Gewaff, von Löffeln und Lichtern, von Schonzeiten und Schußzeiten und wie man sich als Jäger zu benehmen hatte.
Was ist eine Flinte und eine Büchse, welches Kaliber ist wann das Richtige. Wozu braucht ein Jäger einen Revolver? Fasziniert nahm ich all das Wissen in mich auf.

Dann war endlich der Tag der ersten Prüfung gekommen. Bevor wir zum theoretischen Teil gehen durften, mußten wir erst zeigen, daß wir auch schießen und treffen konnten.

Zeitig in der Früh trafen wir uns auf einem unbestellten Acker. Mit dem Gewehr war ich gar nicht so schlecht aber mit der „Schrot“ eine Tontaube treffen? Na, ja! Und dann standen wir da alle ratlos in der Gegend herum, warteten nervös, wie es nun weiter gehen sollte.

Einige kannten sich schon und redeten leise miteinander. Auch mein Vater hatte Bekannte getroffen und unterhielt sich mit ihnen.

Ich stand etwas abseits und beobachtete, wie sich der eine oder andere nach mir umdrehte, „ Was wohl des Mädel do macht, will die vielleicht a a Jaga wer`n?“, hörte ich Jemanden leise seinem Nachbarn zuflüstern.

Aber dann ging's endlich los und die wartenden Gruppen lösten sich auf.
Nebelschwaden lagen noch über dem Feld und in der kalten Luft stand der Atem wie Rauch vor unseren Gesichtern. Fünf schwere Holztische, mit einfachen Auflagen dienten uns Prüflingen als Abschußplatz. Auf etwa 100 m Entfernung waren Holztafeln mit einem Holzkeil in den Boden gerammt worden, in deren Mitte man weiße Zieltafeln mit einem großen schwarzen Kreis sehen konnte.
Es war bitterkalt und alle standen händereibend, etwa zwanzig Männer und ich, in grüner, jagdlicher Kleidung, um die Prüfer herum. Einer nach dem anderen bekam einen eigenen Tisch mit Aufpasser zugewiesen. Jedes Mal wenn alle Prüflinge an den fünf Tischen ihre drei Schuß abgegeben hatten, wurde der Schießbetrieb kurz unterbrochen. Die Schießscheiben von den Prüfern geholt und gewissenhaft mit den Namen der Schützen versehen.
Endlich bekam auch ich eine Waffe in die Hand gedrückt. Tief durchatmend versuchte ich die Aufregung zu unterdrücken. Doch plötzlich wurde ich ganz ruhig, das Ziel gehörte mir, ich sah nur noch den schwarzen Kreis. Eine Kugel nach der anderen landete genau im Zentrum. Wie selbstverständlich gab ich das Gewehr wieder zurück und stapfte mit einem breiten Grinsen zu meinem Vater. Eh klar, daß seine Tochter schießen konnte. Ja, ja, eh klar, meine zitternden Hände versteckte ich in meiner Jackentasche!

Ein Glück, die erste Hürde war geschafft. Beim Mittagessen, im nahen Gasthaus, spürte man fast körperlich die Aufregung

ringsum. Alles saß laut schwatzend an den Tischen eines urigen alten Wirtshauses und langte kräftig zu.
Würden wir auch die nächste „Runde“ schaffen? Noch mußten wir uns mit der Flinte beweisen bevor wir zur theoretischen Prüfung durften. Wenigstens eine Taube mußten wir treffen!

Bei der Gelegenheit dachte ich unwillkürlich an eine der Eselsbrücken meines Vaters, „Kannst du dir nicht endlich den Unterschied zwischen einer Büchse und einer Flinte merken? In die Büchse der Mädel paßt auch nur eine Kugel rein!!“
Das konnte ich ja nicht vergessen!

Inzwischen waren wir in der Schlucht angekommen, in der wir schon geübt hatten. Auf „Ab“ schnellte bald auch für mich eine Ton-Taube nach der anderen gen Himmel. Die erste zerschellte an der Felsenwand dahinter, die nächste zerbarst, getroffen, augenblicklich in ihre Einzelteile.

Ja - geschafft jubilierte es in mir und als die Dritte kam, war mir schon alles gleichgültig, ich wußte ich durfte zur theoretischen Prüfung antreten!
Gleich am nächsten Tag saßen dann auch mein Vater und ich in Reih und Glied mit den anderen Prüflingen, gespannt vor unseren „Richtern“. Jeder bekam ein Tier zugewiesen. Zack, zack reihten sich Antworten auf Fragen. Mir schwirrte der Kopf, ohne Bestätigung machten sich die Prüfer Vermerke und ließen uns kaum Zeit zum Überlegen, es wollte gar nicht enden, schließlich verließ ich wie betäubt den Raum.
Wieder banges Warten, nach der Reihe wurden wir aufgerufen. Endlich - ich hatte es geschafft, Vater natürlich auch!

Ausgelassen feierten wir daheim mit Sekt und Jagaschnapserl bis spät in die Nacht, ließen den Tag revue passieren und freuten uns einfach „wahnsinnig“. Noch einige Tage später spazierte ich mit stolz geschwellter Brust herum und meinte jeder müßte mir ansehen, daß ich jetzt ein Jäger bin, die grüne Jagdkarte eine „Trophäe“!

Doch bald verflog die Besonderheit dieses Tages und machte dem täglichen Leben Platz. Es sollten einige Jahre ohne Jagd vergehen, denn ich zog von zu Hause weg, heiratete und gründete eine eigene Familie.

Mein Vater hingegen knüpfte in der Zwischenzeit viele jagdliche Kontakte und konnte bald einiges an Trophäen vorweisen. Bei einem meiner seltenen Besuche sagte er dann zu mir: „Für mich bist` immer noch koa „g´scheiter" Jäger, bist`überhaupt schon einmal g`wesen?" „Nein" mußte ich nun ehrlich gestehen.

Ich hatte viel zu viel zu tun gehabt! Meinen Sohn aus den Windeln zu bekommen, war in die Stadt gezogen und ging auch schon wieder Arbeiten, da „verschwendet" man nicht so viele Gedanken daran Kontakte mit Jägern zu knüpfen.

Das müssen wir sofort ändern, war seine Meinung und so organisierte er für mich eine Murmeljagd.

DIE ERSTE JAGD

An einem strahlenden Sommertag Ende August stieg ich dann, nur mit dem Rucksack „bewaffnet" in den Zug nach Salzburg. Die stundenlange Fahrt endete schließlich auf einem einsamen Bahnhof einer Einspur-Bahn. Außer mir verließen nur ein Bauer und ein altes Weiblein die klapprigen Waggons. Es war ein netter kleiner Bahnhof wie aus dem Spielzeugladen, mit einem überdachten Backstein-Bahnsteig der mit Blumenkästen mit roten Blümchen dekoriert war. Im morgendlichen Tau glitzerten die kleinen Blüten in der Sonne. Als ich den Bahnsteig verließ, stand da schon der Geländewagen mit dem ich abgeholt wurde. Hinter mir der Bahnsteig, schon wieder verlassen und einsam im Sonnenlicht. Wir durchquerten den gemütlichen Ort, bogen ein und schon waren wir auf einem Forstweg der in eine

Gebirgsstraße überging. Holpernd bahnte sich der Jeep den schmalen, wenig befahrenen Weg zu unserem Ziel hoch.

Die Sonne stand bereits hoch am Himmel, es war sicher so um die Mittagszeit, als wir endlich an einer Materialseilbahn ankamen. Wir wurden tatsächlich, wie Butter, Käse, und sonst so allerlei, der Reihe nach in eine Holzkiste „gepackt". Das sollte wohl die erste Befähigungsprüfung an diesem Wochenende sein, die ich zu bestehen hatte, denn die Holzbox war natürlich nicht „Tüvfähig" aber „ Des geht scho, wos glaubst denn du, wos de scho alls ausghoiten hot!" spornt unheimlich an! „Und feig is a Jagarin ned!"

Also rein in das „Ding" und ab den Berg rauf, das dicke Seil gab an der Winde noch ein quietschendes Geräusch von sich, bevor sich die Kiste schaukelnd hoch zu schwingen begann. Eine halbe Stunde lang schwebte ich über dem Abgrund der Almhütte entgegen, die Angst war jedoch sofort verflogen, denn die Aussicht war unbeschreiblich und nahm mich sofort gefangen.
Endlose Weiten an hellen Almwiesen taten sich vor mir auf und wechselten sich mit dem Dunkelgrün der Hochwaldflächen ab. In weiter Ferne konnte man, winzig klein, grasende Kühe zwischen rotgrünen Büschen erkennen. Leuchtend blauer Himmel, in dem kleine Wölkchen langsam dahinzogen, eine gleißende Sonne, die mich in meinem Blick in die Ferne blendete. Steinbegrenzungen verschwanden am Horizont der grünen Almflächen. Die Seilbahn trug mich weiter, hoch über den Wipfeln der höchsten Lerchen und Fichten, immer höher hinauf.
Als ich oben ankam wäre ich noch gerne weiter gefahren, doch so sehr ich die Fahrt letztendlich genossen hatte, so steif entstieg ich dem schaukelnden Gefährt. Der Jagdherr und die Senner begrüßten mich sofort aufs Herzlichste. Hinter mir entluden sie eiligst den gesamten Hausrat und schickten die Kiste gleich wieder zu den Nächsten hinunter. Einige Zeit später trafen wir endlich alle wieder in der Hütte zusammen und während die Kühe uns den Abend einläuteten,

um dann stampfend und kauend per Hand gemolken zu werden, genossen wir die Gesellschaft des Jagdherrn, der uns noch die letzten Anweisungen für den kommenden Tag geben wollte.
Zeitig am nächsten Morgen, stolperten wir schlaftrunken aus den ungewohnten Betten. Schnell zogen wir uns nach einem kurzen Frühstück an. Dann der etwa 2 ½ Stunden Marsch zu den „Murmelgründen"! Wir folgten einem ausgetretenen schmalen Wanderpfad, kletterten über nasse Bachhänge und stiegen im Gänsemarsch höher und höher. Meine verwöhnten Stadtfüße begannen zu schmerzen. Ich verstand das einfach nicht, ich hatte doch extra die guten, alten Bergschuhe, die ich noch schnell, nebst einer grünen Hose, aus den Tiefen meines Kleiderschrankes gezogen hatte, eingepackt. Dann begann es auch noch in Strömen zu Regnen. Wir waren in Salzburg, natürlich, das hatte so kommen müssen, ein Salzburger „Schnürlregen"!
Mehr rutschend als gehend folgte ich meinem „Vordermann", sah weder links noch rechts, Wasser lief mir ins Gesicht. Jedes Mal wenn ich mit einem Fuß auftrat machte es ein quatschendes Geräusch, wenigstens Dauerwellen hatte ich mir erst machen lassen, verlor sich ein Gedanke an meine „Schönheit", dann würde ich später nicht ganz so besch.... aussehen. Die Schminke hatte sicher schon schwarze Rinnen in meinen Wangen hinterlassen. Gott sei Dank drehte sich keiner um, alles stapfte verbissen weiter.
Plötzlich merkte ich, wie sich die Gummisohlen an der Kuppe meiner Bergschuhe lösten, na Klasse, das konnte auch nur mir passieren, und als in diesem Moment auch meine Mutter das sah, las ich es in ihren Augen. „Mit dir muß man sich immer blamieren!"

Ich sehnte das Ende des Aufstieges entgegen!

Gegen Mittag hatten wir es schließlich endlich geschafft.
Die Sonne war wieder am Himmel und ich war glücklich, daß ich meine Bergschuhe ausziehen konnte.

Ganz faltig schälte ich meine aufgeweichten Füße aus den „patschnassen“ Strümpfen. Tunlichst vermied ich, daß jemand zusah. Ich saß versteckt unterhalb der vielleicht $20m^2$ große Berghütte auf einem großen Felsen. Sie würde uns Unterkunft und Übernachtung bis zum nächsten Tag bieten. Dies war nun unser Sammelpunkt, von hier starteten wir alle zu unseren weiteren Jagden.

Bei dem Rundumblick eröffneten sich mir die endlosen, saftigen, grünen Hoch-Weiden, erst hunderte Meter weit oben waren die Gebirgsketten zu erkennen. Massive Felswände erhoben sich in weiter Ferne in die Höhe und sahen auf uns herab, am Fuß, dem Übergang zu den Wiesen, mit Geröll gefüllt. Ein Adler zog weit über uns im schillernd, blauen Himmel seine Kreise. Der Anblick ließ alles vergessen. Der Hüttenwirt und Jäger kam aus der Hütte und begrüßte alle der Reihe nach, Troll, sein Gebirgsschweißhund, sprang aufgeregt an jedem hoch.

In etwa 100 Meter Entfernung war bereits eine Tafel für einen Probeschuß fixiert. Schnell, schnell mein Vater richtete schon geschäftig die Waffe für mich, „Mach noch einen Probeschuß“, hieß es. Jetzt nach dem Aufstieg?

Natürlich durfte ich mir nichts anmerken lassen, war doch alles ganz selbstverständlich, wenn man noch ganz außer Atem mit bloßen Füßen, die aussahen wie von Oma, dastand und eine Waffe in die Hand gedrückt bekam.

Aber ich war ja die Tochter meines Vaters (logisch!). Mit etwas zittrigen Händen, gelang es mir, mit seiner 222er, doch ein recht gutes Schußbild „abzuliefern". Zufrieden beschloß unser Jagdführer, daß es dann ja auch gleich weiter gehen könnte! Mir blieb nichts erspart! Kurze Zeit später war ich schon wieder dabei mir meine halbkaputten „Bergböcke" zu schnüren, warf danach den Rucksack um die Schultern und begann mit meinem „Jaga" den Aufstieg.

Schweifwedelnd lief Troll ein Stück voraus, bevor er wieder an die Leine mußte, "Muß das sein?" schienen seine treuen Augen zu flehen.
Als wir zu zweit hintereinander, gemächlichen Schrittes einen schmalen Fußweg entlang wanderten, kehrte wieder meine innere Ruhe zurück, die Sonne lachte, meine Haare waren auch schon wieder trocken, die Luft kühl und würzig. Beim nächsten Graben, den wir erreichten und überstiegen, waren wir aus dem Blickfeld der Hütte verschwunden.
Auf der dichten hellgrünen Wiese danach, mit ihren dunklen vereinzelten Grasbüscheln, unterbrochen durch Blumengruppen von Bergenzian, waren deutlich die Einschlupflöcher zu den Murmelbauten und die viel begangenen, oberirdischen Verbindungswege zu erkennen. Manchmal sah man frisch aufgeworfene Erde, die zeigte, daß die Mankei hier fleißig gearbeitet hatten.

Noch immer ein wenig müde, nach dem langen Aufstieg - und wegen der kaputten Schuhe - stolperte ich hinter dem Jäger her. Entweder wollte er es nicht sehen oder er merkte es wirklich nicht, jedenfalls lenkte er mich gekonnt ab. Denn während wir weiter nach oben kletterten erklärte er: „Also wenn du den Bären (Männchen) nicht triffst, is des hoit scho schlecht, weil don der ganze Bau versaut is, aber mei Bua (sein Bayrischer Gebirgsschweißhund) grobt eam sicher aus! Oiso aufgehts durt is a feins Platzerl!“

Klasse, in meinem Kopf entstanden sofort katastrophale Bilder, aber Zeit zum weiteren Nachdenken blieb mir ohnehin nicht. Schon waren wir an einem geeigneten „Platzerl“ angelangt. Vorsichtig schlichen wir zu einer Felsengruppe, Rucksack herrichten, Waffe schön einbetten und Herzklopfen unterdrücken!
Etwa 100m voraus hatte er schon den geeigneten Murmel entdeckt, vorsichtig lugte dieser aus seinem Bau und fuhr wieder schnell ein. Nach ein paar Minuten tauchte er wieder auf, reckte und streckte sich und äugte kritisch in die Runde. Schließlich blieb er kegelnd stehen und beobachtete seinerseits die Umgebung. Während mein Fadenkreuz schon einige Zeit auf seine Brust gerichtet war - ich kann mich nicht erinnern wie lange, ich hatte alles Zeitgefühl verloren - dachte ich „Soll ich den kleinen Kerl wirklich umbringen?“

Doch dann die ruhige Stimme an meinem Ohr: „Nur ruhig, wenn's paßt dann paßts! „Rumms, wie von Geisterhand losgelöst flog die Kugel aus dem Lauf! Der Murmel im selben Moment weg!
Oh weh! Was hatte ich da angestellt? Den Murmel „versaut“? Als wir bei der Röhre waren, stocherte „mein Jäger“ zuerst einmal mit dem Bergstock hinein und spürte etwas. Der Murmel war getroffen, hintenüber in den Bau gefallen und lag jetzt da drinnen. Erleichtert und bestürzt zugleich, dachte ich, “Und wie kommen wir nun an den Murmel?“ Doch wozu hatte man „einen Troll“, der drängte sich eifrig zwischen unseren Füßen durch, stellte sich breitbeinig an den Eingang und biß „Tortenstücke“ aus dem Erdreich rundum. „Wenn Ihr so „patschert“ seid, das mach ich schon!“ Selbstbewußt, voll Eifer warf er die Stücke von sich, Brocken um Brocken landeten hinter dem Hund, der Eingang vergrößerte sich. Troll kämpfte sich an „seine“ Beute heran. Als auch wir den Murmel erreichen konnten zogen wir den starken Bären aus dem Bau, Troll erlaubte es ausnahmsweise.

Mich beobachtete er mit „Argusaugen“, immer wieder sah er mich mißtrauisch von der Seite an, „Nimm mir ja nicht meine Beute weg“, funkelte es in seinen Augen!

Die Aufregung löste meine Zunge und ich erzählte aufgeregt, daß dies meine erste Jagd war.

„ Na den Murmel mußt du schon selber zur Hütte tragen“, kam es da prompt von meinem Jäger, drückte mir den Bären in die Hand und lief mit Troll voraus. Der strafte mich mit bösen Blicken, murrend und grummelnd folgte er seinem „Boß“.
Total perplex nahm ich den Murmel auf und trug ihn an seinen Pranten, ich wußte es nicht besser, und begann mit dem Abstieg hinter den beiden her. Mein damaliger Jagdführer jedoch, wußte genau was er tat. Nie werde ich die noch warmen kleinen Murmelpranten vergessen, die da in meiner Hand lagen. Immer schwerer wurde das kleine Tier. Mit jedem Schritt war mir bewußt, ich habe ihn getötet!

Wie erleichtert war ich, als wir wieder über den Hügel gingen und die Hütte in unser Blickfeld kam. Der Anblick dort riß mich im selben Moment aus meinen düsteren Gedanken. Mutter lag auf der hinteren Bank und genoß ein freizügiges Sonnenbad, peinlich berührt rief ich Ihr einen „informativen“

Jauchzer zu, schnell verschwand sie, um wenig später in einer rotkarierten Bluse wieder „aufzutauchen".

Hinter uns erschien der riesige Adler wieder am Horizont und beglückwünschte uns mit seinem auffordernden Schrei.

Er wartete schon auf die Innerein, die er hier von jeder Jagdbeute abbekam, dafür störte er nicht bei der Jagd sondern blieb geduldig, unsichtbar zwischen den Felsen. Sobald er aber sah, daß sich jemand der Hütte näherte machte er mit seinem Schrei auf sich aufmerksam, verlangte seinen Obolus.
Ich genoß den Abstieg. Die Felsformation mit dem weißen Kalkfelsen, zu seinen Füßen die saftig grünen Almwiesen, am Himmel der Adler, beleuchtet von der Sonne, die immer noch kräftig zu wärmen vermochte. Mit eindrucksvollen Sturzflügen strich der mächtige Vogel über unseren Köpfen hinweg. Nahe der Hütte verschwand Mutter um Vater zu holen und beide standen, mit der Hand die Augen beschattend, bereit uns zu begrüßen. Zufrieden wurde ich empfangen - brav gemacht liebes Töchterchen!

Entspannt, erschöpft und erleichtert erzählte ich kurz von meiner erfolgreichen Jagd, half noch den Murmel zu versorgen und fühlte mich endlich so richtig wohl.
Später setzten wir uns noch vor die Hütte. Geschichten der Jagderlebnisse wurde erzählt und Erfahrungen ausgetauscht. Noch lange saßen wir so in der Abendsonne bevor der kalte Wind uns erinnerte, daß es Nacht wurde und uns eiligst in das Innere der Hütte vertrieb.

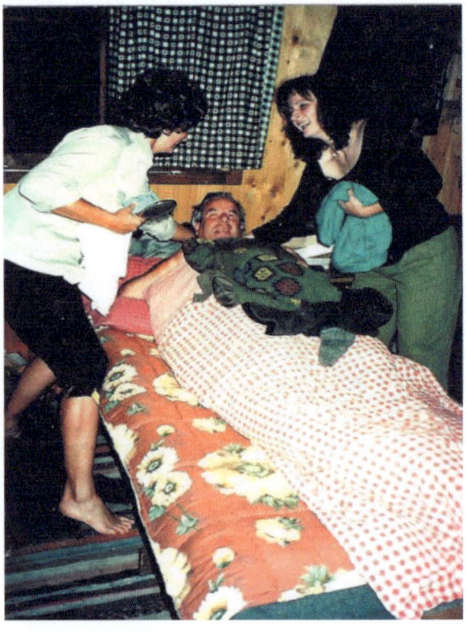

Glück erfüllte mich! Mit dem wunderbaren Erlebnis und still im Herzen, saß ich zufrieden da, wie eine dicke Katze, die gerade ein Schälchen warme Milch ausgeleckt hatte, am Ofen. Viel später erst schoben wir die Bänke für das Nachtlager zusammen und träumten in den nächsten Tag. Diese erste Jagd habe ich nie vergessen und ich wünsche jedem Jungjäger auch so einen einfühlsamen Jagdführer, wie ich ihn erleben durfte!

Ein Jahr später war ich wieder auf der gleichen Alm auf Murmeljagd. Wieder waren die Erlebnisse unbeschreiblich schön. Diesmal allerdings erwartete mich eine besondere Überraschung, als wir nach erfolgreicher Jagd zur Mittelstation zurückkehrten. Wir hatten unsere Ausrüstung bereits in unseren kleinen Zimmern verstaut und trafen uns in der großen Stube. Eine Jause und Getränke standen bereit. Mitten auf dem Tisch eine Flasche Obstler und kleine Stamperl für alle.

„Einen zu heben" das kannte ich ja schon, aber daß Obstler und Gläser schon bereit standen verwunderte mich doch etwas. Doch als alle beieinander saßen, ging noch einmal die Tür auf und ein lieber Bekannter kam plötzlich unerwartet in die Stube. Nach der Begrüßung forderte er mich auf mich niederzuknien. Verwundert folgte ich seinen Anweisungen.

„Du wirst jetzt zum Jäger geschlagen" lächelte er und begann zu zitieren:

DER ERSTE SCHLAG SOLL DICH ZUM JÄGER
WEIHEN!
DER ZWEITE SCHLAG SOLL DIR DIE KRAFT
VERLEIHEN, ZU ÜBEN STETS DAS RECHTE !
DER DRITTE SCHLAG SOLL DICH VERPFLICHTEN,
NIE AUF DIE JÄGEREHR' ZU VERZICHTEN !

SO NIMM GESELL HIER DIESEN BRUCH UND
BEHERZIGE DEN JÄGERSPRUCH!

ES IST DES JÄGERS EHRENSCHILD, DASS ER
BESCHÜTZT UND HEGT SEIN WILD.
WEIDGERECHT DIE JAGD AUSÜBT WIE SICHS
GEHÖRT,

DABEI STETS DEN
SCHÖPFER IM GESCHÖPFE
EHRT!

SO REICH ICH DIR DEN
JÄGERTRUNK, HIER IN
DIESER JÄGERSRUND'

BLEIB IMMER FRÖHLICH,
STARK UND GSUND,

JETZT TRINK IN DIESER
JÄGERRUND',
EIN WEIDMANNSHEIL
ZUM ERSTEN, ZWEITEN,
DRITTEN!

So nun war ich endlich ein „ordentlicher“ Jäger!

DER ERSTE BOCK

mit Papa!

Zeitig am Morgen, es war gerade erst hell geworden, fuhren wir damals in die Auwälder an der Donau. Wir passierten ein Wehr und ließen eine staubige Forststraße hinter uns. Nachdem wir das Auto abgestellt hatten schlichen wir vorsichtig und leise zum Hochstand. Ich war über die Waldlichtung, die sich zwischen dem Dickicht der hohen Aubäume plötzlich vor uns auftat, überrascht.

Rechter Hand lag ein großer stiller See. Die Sonne schickte bereits ihre ersten Morgenstrahlen über die grün schillernde Wasserfläche. Ein Fischer saß still, in einem alten Holzboot, in der Mitte des Sees. Libellen schwirrten über die Oberfläche, leise summten die ersten Bienen. Die nach Fliegen schnappenden Fische zauberten sich ausbreitende Kreise auf die spiegelnde Fläche des Wassers. Wir gingen am See entlang. Fast lautlos pirschten wir über einen schmalen Fußweg zum Hochstand. Bis um acht Uhr würden wir hier bleiben, dann sollten wir wieder „abbaumen“, war ausgemacht.
Vorsichtig bereiteten wir alles vor, ich legte einen Pullover als Auflage vor uns auf die Brüstung und stellte die .222 griffbereit zwischen meine Füße. Endlich konnte ich mich entspannt zurücklehnen. Ich richtete mich auf eine längere Wartezeit ein, machte es mir gemütlich und blickte erst einmal rundum. Vor mir eine blühende Wiese mit unendlich vielem gelben Löwenzahn zwischen hohen Grashalmen. Der rundherum offene Hochstand war mit hängendem Hopfen bedeckt, so daß wir, wie in einer grünen Laube versteckt, saßen.

Zwei, drei Mal meinten wir eindeutige Geräusche zu hören, aber kein Wild trat aus dem sicheren Dunkel des Waldes. Dann hörte man wieder lange Zeit nichts mehr. Geduldig warteten wir Stunde um Stunde. Trotzdem wurde mir die Zeit nicht lang.
Manches Mal döste ich sogar ein, begleitet vom Summen und Brummen der Insekten in meinem Ohr. Die Sonne wärmte immer kräftiger mit ihren Strahlen je später es wurde und machte mich so richtig schläfrig.

Zwischendurch beobachtete ich immer wieder aufmerksam den Waldrand, der sich etwa in 100m Entfernung vor mir entlang zog.
Bald war es kurz vor acht Uhr und die Zeit des Abbaumens nahte. Flüsternd begannen wir uns zu unterhalten und fingen langsam an unsere Sachen zusammen zu packen. Doch da unterbrach Vater das Gespräch, er hatte am Waldrand, etwas entdeckt.

Stand doch da plötzlich ganz vertraut ein Rehbock im hohen Gras. Als wäre er schon die ganze Zeit da gewesen, kaute er genüßlich an einer Löwenzahnblüte.

Erschrocken hielt ich in meinen Bewegungen inne. Vater bedeutete mir Ruhe und zeigte auf die Waffe. Schade, ich hatte gar nicht mehr damit gerechnet, ob ein bischen Krach wohl helfen würde?

Nein, der „blöde Jungspund“ sah jetzt zwar in meine Richtung, genau in meine Augen, aber immer noch zermalmte er entspannt sein gelbes Blümchen.

Um das Gesicht zu wahren blieb mir gar nichts anderes übrig, ich legte an, nur jetzt keinen Fehler machen, wenigstens schnell gehen sollte es.

Mit angehaltenem Atem nahm ich ihn ins Visier. Langsam wanderte das Kreuz meines Zielfernrohres zum „Blatt", ruhig, ganz ruhig - „rumms ---------„ plötzlich löste sich der Schuß - der Bock fiel auf der Stelle um!

Ich war selbst überrascht! „Waidmanns Heil!" rief mein Vater erfreut!

Die Spannung fiel von mir ab, meine Hände begannen zu zittern, „Eine Zigarette wäre jetzt gut," dachte ich noch, dann fiel mir die Ruhe auf.

Der Wald hielt den Atem an, alles hielt inne - ein Bock war gefallen!

Noch ein paar Augenblicke gespenstische Stille, dann begannen die Vögel wieder zu zwitschern. Schon war dieser besondere Augenblick nur noch ein Gedanke.

Wir packten unsere Sachen zusammen und gingen zu „meinem" Bock. Als wir daneben standen, rief Vater geschäftig meine Mutter und den Jagdpächter an.

„Wartet dort, ich komme mit dem Hund!“, hörte ich Mutter ins Telefon rufen. Ich dachte mir nichts weiter dabei. Als wir das Auto von weitem auf dem Schotter bremsen hörten, erwarteten wir sie mit Stolz geschwellter Brust.

Rasch stapfte Mutter den Pfad entlang auf uns zu, doch schon von weitem schimpfte sie, „Ja was macht ihr den da, ich wollte doch unseren Jungen (ihren Deutsch Drahthaar) nachsuchen lassen, für den Hund muß es immer Übung geben!!“
Ich machte große Augen und Vater sah ganz zerknirscht drein. Gleich drauf kam auch der Jagdpächter, der ihre letzten Worte noch gehört hatte. „Das ist doch nicht so schlimm“, versuchte er zu beruhigen.“ Nein so was“, rief sie, drehte sich auf der Stelle um und stapfte mit zusammengepreßtem Mund wieder zum Auto zurück. „Waidmanns Heil„ dachte ich, als wir drei am Bock zurückblieben und ihr hinterher starrten.

Betreten hievten wir den Bock ins Auto des Jagdpächters und fuhren zu seinem Haus. Als wir dort ankamen stand meine Mutter bei seiner Frau in der Küche und begrüßten uns beide plötzlich aufs Freundlichste:
“Da seid ihr ja endlich, nein was für ein braver Bock, so kommt herein wir müssen noch auf euer Waidmanns Heil anstoßen“, mit offenem Mund stand ich da, mir fehlten die Worte!
Während ich doch noch mein „Waidmanns Heil“ bekam verschwand der Bock in der Kühlkammer des Jagdpächters, „Deine Trophäe bekommst dann zugschickt Madl!“ sagte er freundlich, als er anschließen in die Küche trat.

Einerseits war es natürlich toll, wenn mir alle Arbeit mit dem Wild abgenommen wurde aber andererseits, so lernte ich nichts, blieb bestenfalls ein Sonntagsjäger, außerdem hätte ich viel lieber das Wildbret gehabt als die Trophäe.

So begann ich vorerst Rezepte zu sammeln und träumte vom baldigen Wildbraten.

Wenig später fand ich ein ganz einfaches, welches ich zwar erst viel später ausprobieren konnte aber heute noch verwende:

<u>HÜTTEN-REHSCHLÖGL</u>

Der Rehschlögel mit Knochen vom einfach zerteilten Reh wird mit Salz, Pfeffer und gehackten Wacholderbeeren eingerieben.
In einer Pfanne rundherum scharf angebraten, herausgehoben und auf einem Teller beiseite gestellt. Das Gemüse (entweder Suppengrün und was die Küche sonst noch so bietet oder nur) Karotten, Zwiebel und Knoblauch grob schneiden und im Topf braun rösten.
Dann lege ich den Rehschlögel auf das Gemüse und lösche gut mit Rotwein ab. Anschließend gieße ich mit Suppe auf, bestreue das Fleisch mit Rosmarin und Thymian.
Der Schlögl muß <u>mindestens</u> 1 ½ bis 3 Stunde im Rohr bei 220°C braten. Damit er nicht zu trocken wird bedecke ich ihn mit Speck oder die erste Zeit mit Backpapier. So kann er vor sich hinschmoren ohne ihn ständig begießen zu müssen.
Wenn der Braten fertig ist nehme ich ihn heraus und passiere den Saft mit dem Gemüse zu einer dicken Soße ohne Mehl verwenden zu müssen. Schneide das Fleisch vom Knochen (sollte jetzt ganz einfach möglich sein) und richte alles gemeinsam an.

Dazu reiche ich entweder Kartoffel, Kartoffelknödel oder Risibisi-Reis und Rotkraut, was die Küche eben so anbietet.

Da mein Mann damals leider nichts von der Jägerei hielt, war es nicht einfach eine Jagdeinladung anzunehmen.

Trotz alldem wollte er nicht, daß ich mir immer eine Waffe ausleihen mußte und so entführte er mich eines Tages in ein Waffengeschäft mit gebrauchten Waffen.

So bekam ich meine erste eine .243! Sie war zwar nicht unbedingt für Schießwettbewerbe zu gebrauchen, aber die ersten drei Schuß schaffte die Engländerin, eine Parker Hail, immer ins Ziel, eben eine Waffe für Jäger.

Und da bei uns das Leben noch nie langweilig war, wanderten wir zwischendurch noch schnell nach Tirol aus.

Nach einiger Zeit bekam dann mein Mann eine Jagdeinladung, als Dankeschön für gute Zusammenarbeit, einen Murmelabschuß.

Ich mußte lachen als er mir diese Nachricht etwas zerknirscht nach Hause brachte, denn ich freute mich auf die Jagd und er der Nichtjäger mußte mitgehen.

Schaug auffi in Woid
Und schaug obi in Bach,
Und der Himmel und´s Wasser
Und alls hat a Sprach!"

MURMELJAGD IM ZILLERTAL

Schon einige Zeit war ich nicht mehr unterwegs gewesen, vor allem noch nie in unserer Wahlheimat Tirol. Ich freute mich riesig und darüber, daß mein Mann auch mitgehen mußte.
Es wurde unsere erste gemeinsame Jagd, mit meinem „eingefleischten“ Nichtjäger.

Am festgelegten Tag trafen wir uns zeitig am Morgen mit unserem Jagdführer in Ramsau und stiegen in sein Geländefahrzeug um. Es war herrliches Wetter.

Als wir in das Tal einfuhren ging hinter uns die Sonne auf.
Die Strahlen begleiteten uns durch eine enge Forststraße hinauf bis in ein breites Gebirgstal. Dort ergossen sie sich über die saftig grünen Weiden. Sanfter Wind strich über unsere Köpfe als wir im Jagdrevier ausstiegen. Mit wellenartigen Erhebungen zeigten sich die Gebirgswiesen, zwischendurch immer wieder freigelegte Felsbrocken, unter ihnen die Einstiegsröhren der Murmel. Ein traumhafter Anblick. Mühsam hatte unser Gastgeber vor einigen Jahren die Mankei hier angesiedelt und ich bekam die Ehre bei einer der ersten Jagden dabei sein zu dürfen.

Aber bevor wir die Murmelfelder betraten, mußte ich noch schnell einen Probeschuß leisten. Ich hatte meine alte .243 mit Vollmantel-Geschoß dabei, extra für die Murmeljagd. Doch unser Jagdführer hatte zu der Vollmantel kein allzu großes Vertrauen. Mit zweifelnd verzogener Nase, ersuchte er mich lieber seine Hornet auszuprobieren.

Also Zieltaferl aufgestellt, so etwa 80m und - fast daneben!

Oje, oje! Wieder durchlud ich sein Gewehr und probierte noch einmal. Wie ein Scharfschütze stand ich am Auto legte über das Dach an - schon wieder rechts außen, aber diesmal unten.
Nun probierte ich mit meiner .243er. In der Zwischenzeit war ich schon total nervös, das konnte ja heiter werden, wenn das so weiter ging. Aber jetzt war ich wenigsten im Mittelteil der Tafel, und der zweite Schuß lag knapp beim Ersten damit konnten wir „leben", also lieber die .243er.
Aber sehr zufrieden war weder mein Jagdführer noch ich. Zweifel zwickte mich in der Magengegend und ich hoffte innigst, daß ich mich, nicht auslachen lassen mußte und alles gut gehen würde.

Jetzt beeilten wir uns die Jagdgründe zu erreichen. Diese Wanderung, gefiel meinem Mann schon einmal ganz gut und so nebenbei erhielt er seinen ersten jagdlichen Unterricht.

„Die Katzen (Mankeidamen) sind sehr wählerisch in der Wahl ihrer Männer. Sie bleiben bei ihm bis ins hohe Alter von über 10 Jahren, wachen gemeinsam über ihre Sippe und achten darauf, daß nur sie den Nachwuchs zeugen. Nur wenn es ihr gefällt besucht sie auch mal einen aus einer anderen Sippe. Viele junge geschlechtsreife Bären sind deshalb ein Problem bei einer Neuansiedlung und verursachen viel Unruhe."

Als wir endlich bei den Murmeln anlangten, sahen wir sie schon von weitem geschäftig umherlaufen. Die Jungen (Affen) fochten spielerische Kämpfe aus und benahmen sich auch wie Affen. Ganz oben, alles überblickend, lehnte der ganz Alte, ein „Silberrücken", dick, stark und mächtig. Der sollte es sein!
Doch als wir die Murmelwiese überquerten, schloffen alle blitzschnell in ihre Röhren ein, und weg waren sie. Während die einen gleich wieder mit ihren Köpfchen vorsichtig über den Rand der Einstiegsröhren lugten, blieb der alte Bär verschwunden.

Auf der anderen Seite der Mulde, etwas erhöht, konnten wir dann alles überblicken.

Die Sonne brannte auf unsere Köpfe, während wir die Jause auspackten und uns auf eine längere Wartezeit einrichteten. Bald schon tummelten sich die Murmel wieder auf der Wiese. Lustig hüpften die Jungen umher und fochten spielerische Kämpfe aus, balgten sich, über die Wiese wälzend, sprangen auf und liefen, sich einander hetzend, wieder zurück zu Mama. Mama hingegen überblickte aufmerksam die ganze Umgebung. Nachdem der „Silberrücken" nicht wieder kam, machte sich unser Begleiter langsam auf die Suche nach einem anderen geeigneten Murmel. Es ist gar nicht so einfach, noch nicht geschlechtsreife, Junge und Alte oder Bär und Katze zu unterscheiden, wir mußten sie lange beobachten, uns Zeit nehmen. Nur am Verhalten war uns schließlich klar, wer die Affen, wer die Katzen und Bären (Männchen) waren, doch unser Bekannter war Profi und bald hatte er einen ausselektiert.

Plötzlich ein Warn-Pfiff und alle weg, verwundert sahen wir hoch, flog ein Adler am Himmel?

Nein nur Beerenklauber waren wieder einmal quer Feld ein gelaufen und hatten alle erschreckt. Bis auf den „Aufpassermurmel" waren wieder alle im Bau verschwunden. Während die Beerenklauber immer näher kamen, motzte und schimpfte unser Jagdführer vor sich hin, hoch rot im Gesicht deutete er den beiden ärgerlich, mit weit ausholenden Armbewegungen, fort zu gehen. Endlich reagierten sie auf ihn, verstanden und wanderten wieder ab, die Murmel aber, blieben weg.
Doch die Sonne war so herrlich warm, konnten wir da wirklich böse sein? Gemütlich vor uns hindösend lagen wir da, von Zeit zu Zeit mit unseren Gläsern die Bergwiese absuchend und warteten.
Hinter mir war mein Mann tief eingeschlafen.

Plötzlich ein Pfeifen, weiter unten wieder ein greller Pfiff und noch einer. Da waren sie wieder die Murmel, an allen Ecken und Enden streckten sie die Köpfchen hervor pfiffen sich gegenseitig an als würden sie, „alles O.K.?“, rufen und warteten gleichzeitig noch halb versteckt im Bau ab. Weit abseits der übrigen Sippe entdeckte Heinz schließlich einen jungen Bären.

Der war „ein Grechter“, der sollte mir gehören. Vorsichtig am Bauch kriechend pirschten wir uns Stück für Stück näher an ihn heran.

Währenddessen lief der der junge Bär über die Wiese und suchte sie nach frischen Gräsern ab, brachte ein Büschel nach dem anderen in seine Höhle, kegelte zwischendurch aufmerksam seine Umgebung beobachtend, und suchte weiter. Wieder einmal stand er an seiner Röhre, aufmerksam den Blick in die Ferne gerichtet, als wir es schon auf etwa 50 - 60 Meter herangeschafft hatten.

Vorsichtig legte ich die .243er auf meinen Rucksack und richtete sie auf den Murmel, stach ein - in diesem Moment legte er sich nieder, lehnte gemütlich mit seinen Schultern am Felsen, den Kopf in meine Richtung und begann sich ausgiebig zu putzen! „Das gibt`s doch nicht!“ dachte ich, hielt die Waffe ruhig und wartete.

Plötzlich ein Pfiff vom Freund, der Murmel richtete sich auf, ich konnte nicht anders, instinktiv lies ich die Kugel fliegen-überlaut schallte der Knall der .243er in meinen Ohren!

Praktisch im gleichen Moment sah ich den Bär hint` über kugeln und am Eingang zur Röhre liegen bleiben. Wir freuten uns wie toll, alles war gut gelungen. Heinz umarmte mich überschwenglich und wünschte mir Waidmanns Heil!

Unglaublich, ohne Absprache hatte alles super geklappt.

Durch den Schuß war mein Mann erschrocken hochgesprungen. Mit sonnenverbranntem Gesicht sah er zu uns herunter, mit großen, erstaunten Augen starrte er uns verdutzt an. „Da schau", rief ich, „bring uns das Schnapsflascherl für`s Waidmanns Heil!
Den Flachmann in der Hand schüttelnd beteuerte er, „Ja aber da ist doch gar nichts mehr drin". Bisserl zu viel Obstler erwischt, der Gute! Nichts hatte er uns übrig gelassen. Na so einer!
Wir kletterten nach unten. Stolz ging ich zu meinem ersten Tiroler Murmel, noch ganz aufgeregt strich ich wieder und wieder über sein starkes Fell. Ein kleines Weilchen war es mir noch vergönnt meinen Jagderfolg zu genießen, meiner Emotionen Herr zu werden, dann stiegen wir weiter zum Auto ab.

Zur Strafe, weil er den kompletten Flachmann geleert hatte, mußte uns mein Mann, später im Tal, eine Jause inklusive Schnapserl spendieren. Gemütlich genossen wir den Nachmittag, saßen bis spät am Abend zusammen, tauschten Geschichten und Erinnerungen aus und freuten uns über die gelungene Jagd. Und mein „Nichtjäger" begann das erste Mal umzudenken, ein Erfolg auf der ganzen Linie!
Trotz dieses herrlichen Tages ist bis heute ein kleiner Wehgedanke geblieben, - den Silberrücken sah ich nie wieder.

Murmelbraten noch heute eine alte leckere Spezialität, hier eines meiner Murmelrezepte:

Murmelbraten

Zutatenliste für 4 Personen
1 abgehangenes Murmeltier
2 Zwiebeln
2 Karotten
1 Stange Lauch
3 kleine Petersilienwurzeln
Butterschmalz
1 Scheibe Sellerie
12 Wacholderbeeren
1 l Rinderbrühe
300 g Sauerrahm
Salz, Pfeffer aus der Mühle

Murmel in Portionen teilen und sämtliche Fettreste (ganz wichtig, schmeckt sonst ranzig) von dem Wildbret entfernen. Die Innenhaut entfernen und die Fleischstücke salzen und pfeffern. In einem Bräter von beiden Seiten anbraten, das grob geschnittene Gemüse dazugeben, den Wacholder zerstoßen und darüber streuen. Mit der Hälfte der Brühe ablöschen, mit Alufolie zudecken und im Ofen etwa drei Stunden dünsten.

Von Zeit zu Zeit Brühe nachgießen. Die Fleischstücke aus dem Bräter nehmen, das Gemüse mit der Bratensauce passieren und die Bratensauce mit Sauerrahm verfeinert, oder nur die Sauce und das Gemüse ganz lassen. Dann die Murmelstücke und das Gemüse zurück in den Bräter geben, mit Bauernbrot (oder Kartoffeln) und einem trockenen Riesling servieren.

DIE WEIDMANNSFRAU

Es war so um die „Hohe Zeit“,
wo d`Hirschen röhrn als wia net gscheit,
die Nebelschwaden umaziagn
und d`Jaga fragen: Werd i an kriagn?

Da san zwa stad am Hochstand gsessn
und de san ganz verschieden gwesen.
Eam hat des Hirschenfiaber packt,
und sie hats halt mitn Tierschutz ghapt.

So kummts- es is a richtigs Gfrett –
daß jeder um was anders bet.
Er, daß an Hirschn aussetreibt,
sie, daß er drinn im Einstand bleibt.
Es scheint, ihr Beten hat net gfrummt,
weil's Röhrn scho allweil näher kummt.
„Pst“ wispert er ganz aufgeregt,
i glaub, da hat sich was bewegt.

Ui je – denkt sie – der wird glei schießn,
da wird mia gschwind was einfalln miaßn.
Soll i eam schöntuan, soll i eam schmeicheln,
soll i eam am End sei Knia guat streichln?

Doch dann fallt ihr ihr Jahrgang ein –
ana, des lass i liaba sein.
De Zeit, wo des von Nutzen wär,
de is scho guat 30 Jahrln her.

I könnt huast, niaßn, lachn,
es gabert no a paar so Sachen.
am Besten i laß des Glas falln,
des wird am Holzboden urndli knalln.
Der Hirsch der wird abfahrn wia net gscheit,
zum Schiaßn bleibt dem gar ka Zeit.

Und wia er den Hahn scho spannt,
do lasst si`s dunnern nachanand.
Damit des Ganze echt ausschaut,
hat sie sich gleich vom Sessl ghaut.
Und des Getöse – o du Graus –
des halt der beste Hirsch net aus.

Dem Jaga is vor lauter Zurn
der ganze Schädl blaurot wurn.
Ja Himmelherrgott will er schrein,
da fallt sie ihm ganz sanft darein
und sagt mit honigsüßem Mund:

„Wia schad, i hätt dirn so gern vergunnt!"

In den nächsten Jahren waren wir beide geschäftlich mit so viel Arbeit eingedeckt, daß an Freizeit kaum zu denken war. Wir hatten kaum Gelegenheit irgendwohin zu gehen, außer es war mit der Arbeit verbunden.

Bis wir einem Verein beitraten und von da an wußten wir, was wir, wenn uns die Arbeit wieder über dem Kopf wachsen wollte, tun konnten. Zum Vereinsabend gehen!

Ich hatte mit meiner Parker Hail so meine Probleme, mit dem blöden Ding, inzwischen war ich nicht mehr so sehr davon begeistert eine „Jägerwaffe" zu besitzen, konnte ich eben nur drei Schuß ins Zentrum setzten dann begann sie im Bogen rechts hinauf zu wandern. Und ab und zu hätte ich auch gerne beim Jägerschießen geglänzt. Ohne eingebildet zu sein, aber man braucht ab und zu ein wenig Bestätigung, oder nicht?
Außerdem haben wir Jägerinnen einen guten Ruf zu verteidigen!

Mein Mann kam sich zwar komisch vor, wenn er erklären mußte, daß nicht er sondern ich der Jäger sei, aber das war pure weibliche Absicht! Und irgendwann funktionierte es dann, mein Mann begann sich endlich für Langwaffen zu interessieren. Außerdem brauchte meine .243er eine professionelle Betreuung, denn von den sogenannten Profis ringsum bekam ich die Auskunft, daß wohl ich schuld sei, denn sie könnten auch zehn Schuß ins Zentrum setzen, das wollte ich nicht auf mir sitzen lassen.

Technischen Problemen geht mein Mann „pingelig" genau auf den Grund. Manchmal geht er mir damit total auf die Nerven, aber so war dies das reinste Glück für mich, mein Mann hatte ein neues Hobby gefunden, meine Waffe putzen und dem Problem auf die Spur kommen. Echt Klasse!

Die „echten" Jäger bereit zum Jagdbeginn!

Und schnell noch ein Rezept wenn's was vom kleinen Jägerrecht abgibt.:

REHLEBER

Rehleber
1 mittlerer Zwiebel
1 EL Mehl
Salz, Pfeffer

Rehleber in kleine etwa 3 cm-Stücke schneiden. Kleingeschnittene Zwiebel hell rösten. Rehleber dazu geben und alles kurz „weiß" braten. Mit Mehl stauben kurz wenden und mit Rotwein ablöschen. Mit Wasser aufgießen, salzen, pfeffern mit Majoran würzen (Rosmarin, Thymian) kurz aufkochen lassen damit sich das Mehl verdickt, zurückschalten auf die niedrigste Stufe und kurz weiterköcheln lassen.

Langkörnigen Reis etwas klebrig kochen, eine Suppenkelle in kaltes Wasser tauchen, Reis hineinpressen und auf den Teller kippen. Mit Petersilie garnieren.

DIE ERSTE GAMS

Bei einem der gemütlichen „Jagatreffen“ ergab sich so nebenbei eine Jagdeinladung auf eine Gams. Im Deffreggen-Tal mußte der Abschußplan noch erfüllt werden, die Zeit drängte.
Leider hatte ich ein Problem, ich hatte keine geeignete Waffe. Doch bei einem „Jagahoagast“ bot jemand eine an und da meine Mann, bereits „Feuer gefangen“ hatte und meine .243er viel zu schwach war, griff er zu und erstand eine nagelneue .270er. Er schaffte es gerade noch ein Zielfernrohr dafür zu besorgen und sie einzuschießen, bevor er sie mir in die Hand drückte und mich auf die Jagd schickte.

Schon wenige Tage später, in tiefschwarzer Nacht, um ca. 5 Uhr früh wurde ich von meinem Jagbegleiter von zu Hause abgeholt. Wir sollten um 8Uhr in Osttirol sein, da lag noch ein langer Weg vor uns, doch wir schafften es. Mit nur einer viertel Stunde Verspätung kamen wir in dem tief verschneiten Ort an. Alle Häuser und Bäume waren unter einer dichten weißen Schneedecke verschwunden.

Als wir am Marktplatz gerade aus dem Auto ausstiegen und unsere Glieder nach der langen Fahrt streckten, traf auch unser Jagdführer am Treffpunkt ein. Überrascht musterte er mich, um mich dann freundlich zu begrüßen. Offensichtlich hatte er männliche Begleitung erwartet. „Na“, dachte ich, „hatte mein Jagdbegleiter da eventuell etwas zu erwähnen vergessen?“ Aber, na gut, Eile war geboten, da das Wetter hier sehr schnell „umschlagen“ konnte.

Die Fahrt zum Revier allerdings war mit "halsbrecherisch" noch untertrieben. Nicht nur am Asphalt, nein auch auf dem Schotterweg zum Revier schaltete unser Jagdführer noch einen Gang höher. Die Wagen schlitterten bei jeder leichten Kurve und Schnee stob links und rechts auf. Dann kamen wir auf einer kleinen Lichtung am Fuße des Gebirges an. Unser Jagdbegleiter sprang aus dem Auto.

„Was hast denn für ein Kaliber mit?", und schon riß er mir die 270er aus der Hand, „Ist schon in Ordnung", meinte er, „Packt`s eure Sachen, auf geht`s."

Er mußte in seinem früheren Leben wohl eine Gams gewesen sein, denn er sprang den nächsten Steilhang hinauf als wäre das das Selbstverständlichste von der Welt. Jetzt war es egal wer hinter ihm her mußte, Mann oder Frau, das hatte jeder zu schaffen oder wollte er genau das ausprobieren?

Auf jedem Fall bemühten wir uns, nicht den Anschluß zu verlieren und schafften es, wenn auch gerade noch so, hinter ihm den Berg hoch.
Der nasse Nadelboden und altes langes Gras, das der Schnee auf den Boden gedrückt hatte, ließ uns, trotz der festen „Bergböcke" (Schuhe) mehr hinunter rutschen, als daß wir hinaufkamen. Ich hielt mich tapfer am Strauchwerk fest, an Bäume und was sonst noch so an Wurzeln und Ästen da war. Unser Jäger hingegen sprintete den Hang aufwärts. Selbst seine Brandlbracke, die er mit der Leine an seinem Hosengurt festgeschnallt hatte, schien das schon gewohnt zu sein und folgte ihm mit Leichtigkeit.

Endlich erreichten wir schwitzend und erschöpft eine kleine Lichtung. Der Wald in dem wir unbemerkt hochgeklettert waren endete abrupt an der nächsten Felswand. Der gegenüberliegende Steilhang war von uns durch einen Gebirgsbach getrennt. Sein Wasser sprang wild und klar zwischen den Felsen hervor.

Mein Bekannter mußte erst einmal sein durchschwitztes Hemd wechseln. Schnaufend und mit hochrotem Gesicht stopfte er das nasse Etwas in seinen Rucksack. Mir ging es zwar nicht viel besser, aber eine kleine Schadenfreude, daß auch er so verschwitzt war, gönnte ich mir.

Da rief unser Jagdführer uns schon leise zu sich. Vorsichtig pirschten wir zu ihm hinüber, am gegenüberliegenden Hang in der Nähe des Baches entdeckten wir das Gamsrudel, das er Tag zuvor gesichtet hatte. Vertraut standen sie zwischen den Felsen und suchten in den wenigen offenen Stellen des Schnees nach den nahrhaften Gräsern.

Unser Jagdführer pirschte noch ein Stück höher und suchte einen besseren Platz, wir vorsichtig hinterher. Auf einem mit weichen, von Schwarzbeerstauden überwucherten Boden, legten wir uns auf die Lauer. Ich sollte natürlich als erstes schießen, wieder einmal kam ich mir wie auf einem Prüfstand vor, und schon hatte ich einen Minuspunkt kassiert. Ich war noch nie auf Gamsjagd gegangen und hatte nur einen, das muß ich leider zugeben, winzig kleinen Rucksack dabei. Zu meiner Entschuldigung darf erwähnt sein, ich hatte ein Notfallpaket drinnen und einen Outdoor - Regenmantel, der nicht viel Platz brauchte. Alles andere trug ich am Körper, also wozu großer Rucksack?

Die Männer liehen mir ihre Rucksäcke und übereinander gelegt boten sie mir für die 270 eine sichere Auflage. Man lernt eben immer dazu, jetzt wußte ich wozu man einen Rucksack noch brauchen konnte. Während dessen suchte unser Jagdführer mit dem Stecher die „grechte“ Gams. „Noch nicht“, zischte er gleich besorgt, als ich meine Waffe in Anschlag brachte. Wortlos nahm ich die Zurechtweisung hin, jedoch mit dem Zielfernrohr der Waffe tat ich mir leichter gleich die richtige Gams in`s Visier zu nehmen. Ich war außer Atem und tierisch aufgeregt, mit dem Fernglas hätte ich sowieso nichts gesehen, so schnaufte ich noch, die Waffe hingegen lag ruhig.

„Da drüben“, kam es irgendwann flüsternd von meiner linken Seite, „siehst du die Gams, die ganz frei steht, die holst du mir jetzt mit einem sauberen Blattschuß!“

„Nachdem er mich eben „runtergeputzt“ hat und ich auch immer noch schnaufe wie eine alte Lok, setzt der ja ziemliche Zuversicht in mein Können!“ dachte ich beleidigt. Wie auch immer, in diesem Augenblick konnte ich das kleine Bischen Vertrauen, welches er mir entgegenbrachte, gut gebrauchen. Mein Atem wurde ruhiger, langsam verfolgte ich die Gams mit dem Fadenkreuz, suchte die grechte Stelle zu finden.

Sie stand mit dem Haupt nach rechts vor einem Felsen, sicherte in die Ferne. Langsam fuhr ich den Vorderlauf hoch!

Ich „stach ein“ - in dem Moment sprang von der Seite ein Schatten heran, mein Jagdbegleiter, mir vor den Lauf und

drückte noch ein paar Zweige runter. In der nächsten Sekunde war er wieder weg, mir blieb der Atem stehen; das Visier lag noch auf der Gams, doch jetzt zog diese weiter zum nächsten Felsen.

Wieder fuhr ich langsam mit, plötzlich verharrte die Gams - instinktiv ließ ich fliegen - wummm..... - brach sich das Echo des Schusses an den Felswänden. In der gleichen Sekunde trat das Tier einen Schritt zurück, das Haupt senkend, um Nahrung zu suchen, dann traf meine Kugel und im nächsten Moment sah ich die Gams schlägelnd den Hang hinunterrutschen. Am Fuße des Hanges blieb sie im eiskalten Gebirgsbach liegen. Langsam staute sich das Gebirgswasser am Ziemer.

Voller Selbstzweifel lag ich da und beobachtete beunruhigt das Geschehen. „Die hat nur ausgeistert.“, beschwichtigten mich meiner Begleiter und endlich blieben wirklich auch die Läufe ruhig.
Die Männer boten sich an die Gams zu holen, ganz Gentleman like, dachte ich. Wahrscheinlich trauten sie es mir einfach nicht zu, selbst zur Gams zu gehen, doch im Moment war mir das völlig egal.

Gedankenverloren setzte ich mich in der Nähe auf einen Felsen. Gerade noch am Träger (Hals) hatte sie die Kugel der .270er erwischt und auch an meinen Begleiter mußte ich denken, der eben noch vor meinen Lauf gesprungen war und mit seinem Leben gespielt hatte. Und jetzt trauten sie mir nicht zu, mich selbst um die Gams zu kümmern. Nach einer Weile kehrten die beiden zurück, hatten schon alle Arbeit erledigt und legten mir die Gams bereit für ein Erinnerungsfoto. Plötzlich, gerade noch für ein Waidmanns Heil war Zeit, als ganz unvermittelt ein Schneesturm losbrach. Dicke Schneeflocken trieben uns entgegen und nahmen uns die Sicht.
Unser Jäger reagierte blitzartig, packte die Gams an den „Hackeln“, und lief stolpernd und springend den Steilhang hinunter. Und wieder blieb uns nichts anderes übrig als hinterher zu springen. Den Anblick, des sich hin und her schleudernden Körpers, konnte ich fast nicht ertragen.

Hintereinander „flogen“ wir nur so den Steilhang hinunter den Bäumen entgegen und brachten uns in ihrem Schutz in Sicherheit. Daß wir uns dabei nicht die Beine gebrochen hatten, wundert mich noch heute.

Der Wald hielt das Schneegestöber auf und so konnten wir wenig später unsere Autos erreichen. Rundherum war alles in dickes Weiß gehüllt. Der Pulverschnee hatte sich inzwischen in hartes Schneegraupeln verwandelt. Wie kleine Steinchen prasselten sie uns schräg ins Gesicht. Meine Augen begannen zu tränen, die Umgebung war kaum noch zu erkennen.
Schnell packten wir die Gams ins Auto, als ich die Autotür hinter mir schloß sperrte ich den Sturm aus, draußen tobte er unaufhaltsam weiter. Vorsichtig bahnten wir uns den Weg durch die weiße Sturmwand zurück ins Tal. Im Ort angekommen hatte sich das Toben schon wieder beruhigt, der Sturm sich in einen harmlosen heftigen Wind verwandelt.
Als wir nach der Grünvorlage aus der Kühlkammer kamen blitzte die Sonne mit ihren letzten Abendstrahlen durch die Wolken und verabschiedete sich vom Tag. Es blieb gerade noch Zeit für eine kurze Jause, bevor wir wieder unseren langen Heimweg antreten mußten.

Am nächsten Tag jedoch war ich immer noch ganz benommen von den sich überschlagenden Ereignissen dieser Jagd. Einerseits stolz, daß alles gut gegangen war, beschlich mich ein ganz eigenartiges Gefühl, irgendwie war das nicht die Art Jagd, die zu mir paßte, und vor allem nennt sich so etwas überhaupt Jagd?
Auf jedem Fall hatte ich von da an immer meinen XL-Rucksack mit, egal welches Wild ich vorhatte zu jagen.

WENN FRAUEN WAFFEN KAUFEN!

Etwas später, noch im gleichen Monat, waren wir auf einer Jagd-Messe in Wien.
Ich träumte schon immer von einer Steyer, einer .300er, mit Kahlesglas. Ich ging meinem Mann ziemlich auf die Nerven damit, weil wir wußten, daß wir uns diese Waffe nie leisten können würden. Aber das ist eben ein Vorteil solcher Messen. Auf den Ständen mit gebrauchten Waffen konnte man so herrlich fachsimpeln und alles angreifen, auch einmal sein Lieblings-Gewehr in der Hand halten und für kurze Zeit „besitzen“.
Und dann stand sie da - eine gebrauchte Steyer 300er mit Kahles-Glas. Meine Knie wurden schwach, der Preis war erschwinglich! Gleich mußte ich hin und sie wenigstens in die Hand nehmen, ich hatte mich auf der Stelle „verliebt“ und war nicht mehr verhandlungsfähig, ich mußte gehen, um wieder einen klaren Kopf zu bekommen.

Zwei Stände weiter, war auch eine 300er mit Zielfernrohr, von einem Tiroler Unternehmen. Einerseits war die Waffe neu und außerdem doch nicht so teuer wie die alte Steyer.
Mein Mann und ich gingen beide interessiert hin und ließen uns von dem Verkäufer beraten. „Für eine 300er interessiert sich die Dame“, sagte er Süßholz raspelnd, „Wartens da zeig ich ihnen ein ganz tolles Damenmodell!“
Ich bekam einen Magenkrampf, folgte ihm aber. Dann legte er mir eine Waffe mit einem rohen Schaft in die Hände, ganz etwas anderes als ich mir ansehen wollte und leicht wie eine

Feder, „Das ist ganz was Leichtes“, meinte er“, da brauchen`s nicht schwer tragen!“

Stand da - Blöd - auf meiner Stirn geschrieben? Ein federleichter Schaft bei einem so schweren Kaliber könnte mir vor lauter leicht aus der Hand gerissen werden, wenn ich abdrückte und wo würde dann die Kugel landen?

Freundlich aber bestimmt stellte ich ihm diesbezügliche Fragen, ist es nicht so, daß dieser Schaft keinen Wetterschutz besitzt und wie ist es mit dem Schußverhalten der Waffe, wenn sie so leicht ist? „Schaun`s, das ist das Neueste vom Neuesten, mit der Zeit kriegt der Schaft vom Fett der Finger und vom Jagen eine besondere Patina, und des mit dem Schießen des is` minimal". Wir sahen uns nur an, legten die Waffe zurück und gingen. Verfolgt von großen und unverständlichen Augen des Verkäufers.
Die alte Steyer hatte bereits gewonnen. Ohne miteinander reden zu müssen, hatten mein Mann und ich entschieden, daß hier jede Diskussion zwecklos war und in Gedanken schon ausgerechnet, wie wir das Geld für die Steyer organisieren würden. Wenig später hielt ich sie mit klopfendem Herzen in der Hand - meine Steyer mit Kahles-Glas!

Beim Nachhauseweg ergatterten wir dann auch noch die passende Hirtenberger-Munition und fuhren zu einem Schießstand um sie gleich auszuprobieren. Drei Schuß und alle wie ein Kleeblatt beieinander, ich war glücklich, die Munition paßte wie speziell für meine Steyer gemacht. Einfach herrlich!

„Fast schon langweilig", schmunzelte mein Mann, „man kann daran nichts reparieren".

Man findet häufig die blanken Schäfte auf den teuersten Waffen, ein super neuer Trend!

Die Waffen sehen „dreckig" aus, bis sie endlich „eingespeckt" (abgegriffen) sind, aber eben „trendy", so ähnlich wie die Mountain- und Stadtbikes dachte ich damals, man läßt etwas weg und zahlt mehr dafür.

„Guat Freund“

„Wie steht`s denn mit dem Jägermeister Hans?“

„Ah, guat,“ hat er gsagt`, „ja ganz guat, ganz!

Dös is a Mann mit an braven Sinn,
Dem sag i die größten Grobheiten hin.

Mir schimpfen uns oft, daß nur alles kracht,
Denn wir stehgna so guat, daß uns dös gar nix macht!“

GAMSBRATEN MIT ODER OHNE KNOCHEN

1kg Gamsschlögl
3 Knoblauchzehen
1 Becher Joghurt
Koreandersamen, Koreanderblätter
½ Dose Kichererbse
Salz, Pfeffer, Zitrone, Gemüse

Alle Gewürze miteinander vermischen und im Stabmixer passieren. Den Gamsbraten sorgfältig von allen Sehnen und Häuten befreien. Vom Knochen auslösen und die Fleischwände gleich stark „aufblättern".

Die Marinade in einen Gefrierbeutel füllen, das Fleisch (bzw. den Braten mit Knochen) dazu geben und das Fleisch im Beutel durchkneten (mit der Marinade einreiben). Mindestens eine Stunde, besser ½ Tag im Kühlschrank rasten lassen.

Grob geschnittenes Gemüse in einen Bräter legen (Suppengrün, Karotten, Paprika, Zwiebel,...) den Braten darauf legen und im vorgeheizten Backrohr bei 180° (ohne Knochen) ca. 2 Stunden im Ofen schmoren lassen. Den entstandenen Saft mit Suppenbrühe aufgießen und den Braten von Zeit zu Zeit mit dem Saft übergießen.

Den Braten herausnehmen und abseits rasten lassen!

Währenddessen Zwiebel (Lauch) aus dem Saft heben, das Gemüse passieren und als Sauce zu dem Braten und den Semmelknödeln reichen.

AUF JAGD IN NIEDERÖSTERREICH

Obwohl mein Mann - wie schön - von einer gesunden Eifersucht geplagt wurde, ließ er mich trotzdem mit zwei Männern zur Saujagd gehen, ohne mich später zu „piesaken".

Sicherheitshalber nahm ich allerdings meinen 22-jährigen Sohn mit.

Es war eine Gattersaujagd und ich hatte keine Vorstellung davon, wie das in einer Gattersaujagd so ablief, also ließ ich mich überraschen. Wir trafen uns morgens um 9 Uhr, packten alles in eines der Autos, frühstückten noch und los ging`s nach Niederösterreich.

Es war eine sehr lustige Fahrt, auf der unser Freund einen Witz nach dem anderen erzählte. Wir lachten fast drei Stunden lang. Um so näher wir jedoch dem Ziel kamen um so nervöser wurden unsere Jagdbegleiter. Wir sollten um 17 Uhr am Treffpunkt sein, wieso das denn, Saujagd am Nachmittag? - bis jetzt war ich, wenn, dann die ganze Nacht auf Schwarzkittel angesessen, ohne zum Schuß zu kommen.

Doch als wir um 17Uhr am Treffpunkt waren standen Jagdpächter und Führer schon bereit. Wir stiegen in kleine alte Jeeps um, konnten gerade noch unsere Sachen zusammenklauben und schon waren wir im ca. 450 ha großen Revier unterwegs.

Mit dem rußenden, knatternden Kleinjeep ohne Nummerntafeln fuhr der Jagdpächter mit mir los. Er preschte den einen Weg hinauf, riß das Steuer herum und sprang mit, „Bleib im Wagen, i bin glei wieder do", raus, riß die

Heckklappe auf und lief mit einem Kübel, gefüllt mit Mais, davon.

Als er wieder ins Auto einstieg viel ein Schuß!

Mein Begleiter schüttelte den Kopf, - warum auch immer – doch wir mußten weiter. Natürlich hatte ich jetzt verstanden, er fütterte bei allen besetzten Ständen an und die Säue, die bald schneller an den Ständen waren, als wir mit dem Auto, spielten „Russisches Roulett" - welche wurde heute getroffen?

Schließlich erreichten wir auch unseren Sitz und ich sollte vorgehen, um mich zu „richten". Etwa 60m weit vom Stand entfernt zog er mit dem Mais eine breite Futterspur. Schnellen Schrittes kam er zu mir herauf. Aber kaum war er da, „wuselte" es bereits am Mais. Eine ganze Menge Wildschweine, Bachen, Überläufer und Frischlinge alles lief aufgeregt durcheinander. Quiekend und grunzend fielen sie über das Futter her, schupsten auch die kleinsten, noch gestreiften Frischlinge weg, die wieder quiekend zwischen den Hämmern der Alten durchliefen, um an das Futter zu kommen.
Ich war überrascht, daß die intelligenten Tiere, die uns in freier Natur so oft „ausgetrickst" hatten, hier komplett auf die Gefahr vergaßen.

Jedoch mir war das alles zu schnell, bevor ich auch nur ans Schießen denken konnte, waren sie schon wieder alle weg, also auch ein Trick zu überleben.

Ich war total überfordert würde ich sagen! Zum Glück war mein Jagdbegleiter darüber nicht verärgert, im Gegenteil, „Wir warten ein bischen“, meinte er „und gehen zu einem anderen Stand.“

Wir fuhren einen Forstweg entlang, in dessen Kurven ein weiterer Hochstand aufgebaut war.

Doch hier wurden wir von einer Rotte praktisch überholt. Bevor wir noch am Ansitz waren, standen sie schon am Mais und fraßen so schnell sie nur konnten. Jetzt wurde es schwierig! Wildschweine sehen zwar sehr schlecht, aber hören können sie „verdammt“ gut. Im Zeitlupentempo näherten wir uns dem Ansitz.

Immer wenn sie den Wurf senkten, schmatzten und grunzten sie aufgeregt, unglaublich laut durcheinander, doch kaum bewegten wir uns wenige Schritte vorwärts warfen sie die teils mächtigen Häupter abrupt hoch und verharrten bewegungslos. Sie drehten ihre großen Teller (Ohren) wie Radarantennen in unsere Richtung, blitzten mit ihren winzigen schwarzen Augen sehschwach umher.
Wir schafften es aber dann doch noch den Stand zu erreichen. Mit unendlich langsamen Bewegungen nahm ich die .300er an die rechte Schulter.

Schon sonderten sich rechts zwei passende Überläufer ab, noch standen sie hintereinander, ich mußte abwarten.

Ich ließ mein Fadenkreuz langsam in die richtige Position wandern, doch plötzlich blendete mich die Sonne von rechts.

Ich reagierte nur noch! Mit der rechten Hand die .300er an die Schulter gepreßt, der Finger am Abzug, mit der linken mußte ich irgendwie die Sonneneinstrahlung abdecken, jetzt - eine Sau stand frei, die Kugel flog!

Die Sau fiel auf der Stelle um, ein Rumpeln und alle anderen waren auf der Stelle verschwunden. Stille legte sich über den Wald, kein Zwitschern, nichts. Die Anspannung fiel von mir ab und meine Hände begannen zu zittern.

Mein Begleiter lachte über das ganze Gesicht, „Bleib ruhig noch ein bisserl sitzen, die läuft uns nicht mehr davon!“
Während ich gerne wartete und in den stillen Wald lauschte standen plötzlich zwei Rehe am Mais, beschnupperten vorsichtig das Schwein und zogen sich leise, wie ehrfürchtig wieder zurück; vorsichtig begannen die Vögel wieder zu singen.

Wir verließen die Kanzel und gingen zu „unserem“ Schwein. Mein Jäger freute sich mit mir, die kleine Sau bekam noch ihren letzten Bissen und mir wünschte er, mit einem festen Händedruck, ein kräftiges Waidmanns Heil.

Am Weg zur Hütte brachten wir die Sau am Sammelpunkt vorbei. Ich war einfach nur froh, daß alles gut gegangen war. Mein Begleiter nahm mir alle Arbeit ab und war sichtlich zufrieden. Bei der Hütte, setzte ich mich auf die alte verwitterte Bank und genoß ein wenig die Stille, bevor auch alle anderen zurückkommen würden. Leider hatten meine Jagdkollegen weniger Erfolg, einer war zu schnell mit dem Finger am Abzug gewesen. Mit dem Schuß, den wir zu Beginn gehört hatten, hatte er eine führende Bache niedergestreckt, welch ein Unglück!

Stinksauer schimpfte der Pächter „Dann mußt du eben den Finger gerade lassen!“ und drohte ihm alle sieben Leben zu kassieren, die er mit der einen Sau geschossen hatte. Der

zweite Bekannte setzte dem ganzen noch ein „Häubchen“ drauf. Der probierte zweimal zu treffen und schweißte die Sau trotzdem nur an.

Mit gefährlich leiser Stimme sagte der Jagdpächter: „Und solche Leute bringst du mir das nächste Mal auch nicht mehr mit“, drehte sich dann gleichzeitig um und fragte mich, während er die anderen stehen ließ, mit der allerfreundlichsten Stimme, “Möchtest du noch einmal mit mir raus fahren?“
Na wenn das keine Auszeichnung war, freute ich mich! Wohlig warm spürte ich den Stolz im Magen, aber ich hatte genug, ein Jagderfolg reichte mir. Doch der Jagdpächter hatte noch eine andere Überraschung für mich, ich durfte zur Hauptfutterstelle mitfahren.
Die Männer sollten in der Zwischenzeit eine Jause richten, ich hingegen war unterwegs zur Rotte. Die Wildschweine bekamen nach einer Jagd, zur Beruhigung für all die Aufregung im Gatter-Revier, Futter. Es war zwar ziemlich gefährlich, denn sie duldeten nur die ihnen bekannten Personen, aber wenn ich im Auto blieb konnte mir nicht viel passieren, hieß es.

Doch ich mußte natürlich aussteigen, den nahen Kontakt zu den Sauen wollte ich nicht missen. Ich blieb an der offenen Autotüre stehen. Ohne mich zu bewegen wartete ich was wohl passieren würde. Tiefschwarze Nacht, nur das Licht der

Scheinwerfer durchdrang die Finsternis. Dann waren sie da. Immer mehr Schweine konnte ich erkennen. Gruselig, wie sich unzählige schwarze Rücken aneinander reihten, sich an der Futterstelle zusammenscharten.

Dampf trat aus den schmatzenden Würfen, stieg in kleinen Wolken über ihren Köpfen hoch. Die kleinen Lichter (Augen) glitzerten wie böse unter den Augenwülsten hervor in die Nacht. Drückend und schiebend drängelten sie sich direkt an mir vorbei zum Mais. Interessiert beobachtete ich die starken Bachen, die ihre Frischlinge um sich scharten, während die schwächeren Überläufer sich ständig gegenüber den Stärkeren durchsetzen mußten.
Dann kam die Leitbache herbeigestampft und brachte drohend grunzend „Ordnung" in den „Haufen". Doch als ein starker junger Keiler erschien, machte auch sie ihm Platz. Wie eine unsichtbare Wand bildete sich mit einem Mal ein offener Kreis um den Bassen, genießerisch und hoheitsvoll bediente er sich, den Platz beherrschend. Ganz still und beeindruckt fuhr ich mit dem Jagdpächter wieder zu den anderen zurück.

Die hatten von all dem nichts mitbekommen und lustiges, doch betretenes Lachen begrüßte uns, als wir die hell erleuchtete Jagd-Hütte betraten. Als mein Begleiter, der Jagdpächter, jedoch nichts weiter sagte und nur nach einem kühlen Bier verlangte wurde das Lachen wieder lauter und der Tag endete doch noch in einem gemütlichen Abend.

DER MEISTERSCHUẞ

Ein Waidmann sagt zu seiner Frau:
„Heut gehst mit mir auf eine Sau!"
Die ganze Zeit schleicht sich scho um
a Keiler, a großmächtigs Trum.
Wir legn uns stad heut auf die Lauer
und mir ghörn a Paar murdstrumm Hauer.
Im Stilln tuat er dann sinnieren,
heut werd i ihr amal imponieren.

Allweil gegns Schiaßn is des Nockerl,
mei Meisterschuß haut sie vom Stockerl.
Er nimmt sei Gwehr, sein Huat, an Steckn,
sie`s Jagastockerl und a Deckn.
Denn Winter wars und recht kalt
und so sans aussi dann in Wald.
Lang sans gsessn und haben gschaut,
haben si ka Wörterl z`reden traut.
Und wirkli, grad bevors wourn is dumper,
ganz programmgemäß – da kummt er.

Der Jaga denkt si, nur net tummeln,
net nervös mitn Gwehr umefummeln.
Alls ganz langsam und ganz sacht,
daß nix scheppert oder kracht.
Haarscharf zieln und ganz sanft stechn
im Feuer muß er zusammenbrechen.
Den Stutzen legt er haklich an,
und halt ganz stad den Atem an,
ziegt an, es klickt – und dann nix mehr,
weil´s gsichert war des guate Gwehr.

Obwohl der Jaga so versagt,
hat des den Keiler net verjagt.

Er steht no allweil bummfest do,
als wartet er jetzt amal o,
ob der net do hätt so viel Hirn,
das er des Gwehr tät repetiern.
Nachdem nix gschicht a ganze Weil,
draht er sich um, ganz ohne Eil.
Im Obiziagn hört man deutli brumma,

„So Teppn könnt`n allweil kumma.“

Man kommt sich ein wenig komisch vor wenn man von einer Gattersaujagd erzählt und die Tiere anfüttert, aber ich weiß, daß die Wildschweine in freier Wildbahn auch „angekirrt“ werden (so heißt es da).

Außerdem müssen die Stände im Gatter, von denen geschossen wurde auch einige Zeit gemieden werden, weil Wildschweine eben zu klug sind.

Mein Wildsaurezept! langes Kochen vernichtet eventuelle Trichinen!

WILDSAU AN KRENSOßE

Das Wildschwein (ca 1,5 kg) in eine großen Topf mit zwei Liter Wasser geben.
Dazu kommen, die geschälte Zwiebel (Sie wird mit dem Lorbeerblatt und zwei Nelken gespickt.), ein Bund Suppengrün, sechs Wacholderbeeren, 1TL Liebstöckel, Salz, einigen Pfefferkörnern. Mindestens 1/2 Stunden im Kelomat köcheln lassen.
Dann das Fleisch herausheben und warm stellen.

Die Suppe um ein drittel einkochen lassen, anschließend alle Zutaten abseihen. Etwa 20g Butter zerlassen, eine Zwiebel (fein gehackt) und 2El Mehl zugeben.
Wenn die Einbrenn glatt gerührt ist mit einem Schuß trockenem Weißwein ablöschen
und in die Suppe einrühren. 2EL Obers und 2EL frischen scharfen Kren einrühren und mit Pfeffer, Salz und Zitrone abschmecken.

Als Beilage passen Kohlsprossen dazu!

Wieder einmal waren wir eine lustige Runde „grüner Röcke“ gewesen, Witze und Jägerlatein flogen nur so hin und her, die Waffen wurden eingeschossen und gefachsimpelt, als mir die verhängnisvolle Frage gestellt wurde, „ Hast du schon einmal einen Spielhahn geschossen?“, nein hatte ich nicht und so nahm das „Spielhahn-Schicksal“ seinen Lauf!

IM MASCHENTAL

Eines Tages bekam ich einen kleinen weißen Zettel zugeschoben, auf dem, eine Telefonnummer stand.

„Da, wennst Zeit für an Hahn hast rufst an!“

Am liebsten wäre ich laut aufjauchzend in die Höhe gesprungen und hätte den Überbringer umarmt, aber sittsam lächelte ich und bedankte mich herzlich. Es dauerte ewig - genau zwei Tage - bis ich anrufen und die Jagdeinladung bestätigen konnte. Im Maschental war noch ein Abschuß frei.

Die Bezeichnung Tal ist auf jedem Fall irreführend, denn als ich mich an einem Donnerstag Nachmittag auf den Weg machte, führte mich der Weg erst einmal hinauf in die Berge, auf die Alm. Langsam mühte sich mein Auto die Bergstraße hoch. Ich ließ bald alle Häuser hinter mir, fuhr durch dichten Nadelwald um endlich an der Baumgrenze am Berggasthaus anzukommen.

Der knorrige „Loasala“, der Berggasthaus-Wirt, begrüßte mich mit den Worten; „ Ah, die Grüne is` do, na dann foahrn wir glei los!“
Ich ließ mein Auto stehen und wurde von ihm über einen schmalen, vom Schnee notdürftig geräumten Bergweg, zur Maschentalalm „kutschiert“, eines dieser wunderschönen Gebirgstäler, deren Einschnitt zwischen den Hochgebirgsfelsen beginnt und bis ins bewohnte Tal hinunter führt.
Obwohl es schon später Nachmittag war, leuchtete die Sonne hinter dem nächsten Bergkamm hervor und überstrahlte glänzend das leuchtende Blau des Himmels.

Erleichtert endlich angekommen zu sein, begrüßte ich meinen Jagdführer. Der „pauspäckige“ ältere Herr, mit roten Wangen und einem listigem Grinsen im Gesicht, saß gemütlich vor der Hüttentür. Sein grüner Hut saß schief auf seinem Kopf und seine Beine steckten in gemütlichen Pantoffeln. Schon wollte ich mich bei ihm niederlassen. Aber da hatte der doch wirklich schon eine Zieltafel auf einem saftig grünen „Fleckerl“ der Almwiese vorbereitet, um meine Treffsicherheit mit meinem „kleinen Kugerl“, zu prüfen.

Ich wollte eigentlich mit der .243er Vollmantel kommen, aber der Loasala hatte gemeint: „Mit dem Ding läßt dich der Jaga net schieaßn, hast nicht eine .222er?“, nein hatte ich nicht, aber eine .22er Magnum. Erfreut rief er damals am Telefon, “Die ist super, damit kannst kommen!“

So stand ich jetzt mit dem leichten Gewehr in die Hand und machte mich bereit. Etwas zittrig von der langen Fahrt hoffte ich, mit Bangen vor den beobachtenden Augen der Männer, auf ein gutes Schußergebnis. Freudig registrierte ich dann auch die zufriedenen Mienen und der Loasala brach gleich mit den Worten, “Na dann laß` ich euch mal alleine und ein Weidmanns Heil euch beiden!“, auf.

Kaum war er gefahren, sagte der Fritz mit verschmitztem Grinsen, „So jetzt pack ma zamm, schaun ma uns noch die Balzplätze heut abend an!“ und los ging es ins Revier.

Mit Rucksack und Waffe und in Winterkleidung stapften wir höher und höher. Anfang Mai gibt es in den Bergen, auf etwa 1700m, noch immer viel Schnee in den wir tief einsackten und trotzdem erreichten wir, schneller als ich dachte, die hochgelegenen Balzplätze. Die steilen Wiesenhänge waren tief verschneit und meist mußte ich in die Fußstapfen von meinem Begleiter treten um weiter zu kommen.
Endlich oben, entdeckten wir einen seichten Schneekessel, bedeckt mit Flaumfedern und Hahnenschweiß (Hahnenblut), ein Fuchs hatte uns offenbar schon einen Hahn gestohlen. Fritz ärgerte sich natürlich über den frechen Räuber, doch ich fand es interessant, wie hoch oben der Fuchs umherstreift, wenn er Hunger hat. Bis unter die kleine Ansitzhütte konnten wir seine Spur verfolgen.

Wir richteten es uns dort gemütlich ein und überblickten nun den gesamten unteren Balzplatz.
Ein Adler streifte winzig klein am Himmel über uns hinweg, eisiger Wind rausche um den Ansitz und hüllte uns mit seinem Flüstern ein, Ruhe senkte sich allmählich auf uns herab.

Wir genossen den Abend und lauschten in die Kälte ohne miteinander sprechen zu müssen. Es dauerte nicht lange bis die kargen Äste der Lerchenbäume lange Schatten zogen, die Nacht brach an! Vereinzelt reckten sie ihre nackten dürren Äste zwischen der weißen Pracht in den Himmel bedeckt mit weißen Schneehäubchen. Ab und zu konnte man dunkles Gebüsch erkennen.

Es war mir ganz gleichgültig, daß wir am gleichen Tag keinen Hahn mehr sahen oder hörten. Als die langen Schatten zu einem einheitlichen Dunkel verschmolzen, machten wir uns auf den Rückweg zur Hütte. Wir heizten noch einmal dem Holzofen so richtig ein und lernten uns bei einem Abendgespräch erst mal kennen.

Ein paar Bier später bezog ich eine eigene Kammer und wir vereinbarten um drei Uhr früh wieder zu den Balzplätzen hinauf zu steigen.

Noch vor dem Weckerläuten war ich wieder wach und gleich darauf erschien mein Jäger! Rein in die warmen Jacken und Schuhe und den Rucksack umgeschnallt. Haselnußstecken und Kopfleuchte lieh mir der Fritz und machte meine Ausrüstung perfekt.
Beim Verlassen der Hütte empfing uns stockdunkle Nacht. Ich war glücklich über das kleine kräftige Licht, denn auch mit Hilfe der Stirnlampen konnten wir unsere tiefen Fußspuren vom Abend kaum erkennen. Eisige Luft zauberte weiße Wolken vor unseren Mund und gefror an den Lippen. Der sternenklare Himmel, auf dem tausenden Sterne zu glänzen schienen begleitete uns auf unserem Weg.
Mühsam stapften wir voran und ich begriff wie gut es gewesen war, daß wir am Abend davor schon einmal hochgegangen waren und einen Weg „vorgezeichnet“ hatten.

Diesmal bogen wir jedoch vor der Ansitzhütte zu den oberen Balzplätzen ab. Wir suchten uns eine der wenigen schneefreien dunklen Stellen aus, um auch ohne „Hahnen-Schirm“ (Versteck) die Spielhähne erwarten zu können.

Die Filzhose aus den alten Armeebeständen ließ keine Kälte durchdringen und mit der Kapuze, zusätzlich über Kopf und Strickhaube gezogen, trotzte ich dem kalten Wind der mir, vom Berg herab, in den Nacken streichen wollte. Die dunkle Mulde tarnte uns, verschluckte uns förmlich, wir hingegen konnten die hellen Schneeflächen gut einsehen.

Das Rauschen des Windes im Ohr klang wie das Rauschen eines Baches und ließ mich bald eindösen. Endlos schien die Zeit.

Plötzlich schreckte ich hoch! War da nicht ein chchchch - ein Hahn blies!

Fritz beobachtete bereits gespannt die Umgebung. Links unten von einem Baum, rechts neben uns, hinter uns – immer öfter hörten wir sie blasen, mit auf- und abschwellendem Ton.
Zwei Hähne ließen sich wenige Meter neben uns nieder, schreckten aber bei der kleinsten Bewegung von meinem Begleiter sofort wieder hoch und strichen ab.
Links hinter uns begann ein zorniges „Gurgeln“ und hielt an. Nach einiger Zeit reichte es meinem Jäger er packte plötzliche seinen Rucksack, lief geduckt zu einem Platz unterhalb der Hähne, um hinter den Hügel, der uns das „Spiel“ der Hähne verdeckt hatte, sehen zu können. Ich wartete ab.

Auf sein Zeichen lief auch ich leise und geduckt zu ihm hinüber. Das Schauspiel, das sich mir bot war beeindruckend. Rechter Hand hüpfte ein junger Hahn unter einem Lärchenbaum, zornerbebt auf und ab. Flügelschlagend und mit aufgeregtem Gurgeln war er bemüht einen großen Hahn links von ihm zu beeindrucken.

Er mußte wohl eine Henne verteidigen, so böse und beharrlich behauptete der starke Hahn gegenüber dem alten „Platzhirschen“ sein Revier.
Der Störenfried hingegen schritt stolz und bedächtig, mit majestätischer Ruhe, auf und ab. Ich bekam den besonnenen alten Hahn frei. Langsam nahm ich ihn ins Visier, aber die Auflage paßte nicht!

Mein Begleiter erkannte dies augenblicklich und lief rasch, geduckt noch einmal zurück und brachte auch noch meinen Rucksack.

Der Hahn war beunruhigt schritt aber immer noch auf und ab!

Das Fadenkreuz wanderte über den Körper des Vogels, der Stingel (Hals) wurde schon lang und schmal, die Schwingen (Flügel) senkten sich gefährlich, um abzustreichen (davonzufliegen).

Doch ich erkannte die Gefahr nicht, ich konnte ja nur einen dunklen schwarzen Fleck sehn. Auch erkannte ich nicht ob er zu mir oder von mir weg sah!?
Mein Begleiter neben mir sah alles durchs Fernglas viel deutlicher und flüsterte, „Nimm ihn spitz."

Blitzartig die Erkenntnis - der Vogel blickte nach vorn! - ich ließ die Kugel fliegen - im letzten Augenblick erreichte sie noch den Hahn. Nur wenige Federn stoben auf und schwebten zart in den Schnee --- der Hahn lag.

„Hiaza, des war aber im letzten Augenblick", stöhnte mein Jagdbegleiter erleichtert.

Freudig gingen wir zu dem lackschwarzen Vogel, der kräftige Händedruck mit einem lächelnden „Waidmanns Heil", bestätigte den guten Schuß. Fast unversehrt lag der Hahn vor mir.

Als ich ihn bewundernd aufhob, erstrahlte hinter mir im gleichen Augenblick glühend, orangerot die Sonne, ergoß sich über die gesamte Bergkette ringsum. Andächtig und still genossen wir den neuen Morgen.
Leise zogen wir uns zurück, stapften schweigend hintereinander zur Hütte hinunter, die wertvolle Fracht am Rucksack.

Dann in der Hütte, Speck und Eier, ein kühle Bier, ein Schnapserl und diese Freude, das war ein Frühstück!

Den Vogel hatten wir vor der Türe mit Reisig an der Wand befestigt, die Morgensonne spiegelte sich in seinem lackschwarzen, glänzenden Gefieder.

Wir freuten uns über die erfolgreiche Jagd und genossen lustig scherzend ein Bier nach dem anderen. Leider auch eine ganze Menge Schnapserl. Irgendwann drehte sich alles vor meinen Augen, "Ich muß mich nur einmal kurz hinlegen", sagte ich und verschwand in meiner Kammer. Um die Mittagszeit wollte auch der Loasala gratulieren, aber den „erlebte" ich nicht, ich schlief noch immer meinen Rausch aus. Erst am nächsten Tag wurde ich wieder munter und wollte unbedingt gleich die Heimfahrt antreten aber dafür mußte der Loasala mich erst hohlen. Doch zwischendurch, kam auch noch der Alm-Nachbar auf Besuch und schon wieder ging die Schnapserl-Sauferei von neuem los.

Heimlich kotzte ich mir die Seele aus dem Leib, aber es half alles nichts, die Schnäpse waren einfach „tödlich". Trotzdem, sobald ich zu der lustigen Runde zurückkehrte, mußte ich weiter trinken, ich konnte doch nicht zugeben, daß ich schon vier, statt zwei Männern vor mir sitzen sah. Vorsichtig nippte ich nur noch an den Gläsern.
Als ich wieder den Versuch wagte und die Stube verließ, um nach Hause zu kommen, tauchte plötzlich der bärenstarke zwei Meter große Almnachbar hinter mir auf und rief mit grölender Stimme, „Auf der Alm da gibt's koa Sündt!" Bevor er über mich herfallen konnte, schaffte ich es gerade noch in meine Kammer, deren Tür zum Glück verriegelbar war.

Er pochte noch eine Weile lautstark an die dicke Holztüre, doch mein Jagdbegleiter beruhigte und besänftigte ihn - logisch - mit ein paar Schnapserl und bald hörte ich sie wieder grölend lachen. Ich hingegen legte mich nur ein wenig auf das Bett, bis die Gefahr vollends vorbei war, denn den Brocken hätte ich auch mit den besten Verteidigungsgriffen nicht abwehren können, und schlief wieder einmal ein!

Am dritten Tag in der Früh beschloß ich endlich standfest zu bleiben und auf diverse „Schnapserl“ zu verzichten und schaffte es endlich mit dem Loasala mitzufahren und nach Hause zu kommen.

Wenn der Wirt nicht gewußt hätte wo ich war, hätten meine Tochter und mein Mann vermutlich die Polizei losgeschickt. Ärgerlich empfingen Sie mich und wochenlang durfte ich mir Ihre Vorwürfe anhören.

Wenn ich ehrlich bin, mußte ich trotzdem lachen, denn es gibt kaum einen zweiten Hahn, dem drei Tage lang derart gewürdigt wurde.

Tatsächlich landete der Hahn auch als Festtagsmenü auf unserem Tisch. Im Beisein von Gams und Reh und vielen guten Beilagen wurde er ein außergewöhnliches Weihnachtsessen.

GEBRATENER KLEINER HAHN

Den ausgenommenen und gewaschenen Hahn mit Salz, Pfeffer und Thymian rundum würzen. In einem Topf wird der Vogel kurz rundum angebraten.
Dann die gesamte Brust mit etwas dickeren Speckscheiben bedecken. So trocknet das Fleisch nicht aus. Im vorgeheizten Rohr (200°C) wird der Hahn etwa eine Stunde gebraten. Nach der halben Zeit auf 160°C reduzieren.
Zwischendurch lösche ich den Bratenrückstand mit Rotwein (ca.1/8 L) ab und gieße mit Suppe auf. (Der Vogel soll aber nicht schwimmen lernen).Am Schluß wird auch der Hahn zwei drei Mal übergossen. Ist der Hahn fertig, aus dem Topf heben und auf einem Teller ins warme Rohr stellen. Jetzt kann die Soße nach Belieben weiter verarbeitet werden.
Zu dem zarten Fleisch gebe ich Kartoffeln, Kohlsprossen und Rotkraut.

Entweder war dies der Grund oder die häufige Jäger-Gesellschaft, so blieb es nicht aus, endlich hatte ich meinen Mann soweit, er beschloß auch die Jagdprüfung zu machen. Eigentlich gingen ihm natürlich nur die „Prahlhanse" auf die Nerven, meinte er. Er wollte mit der Prüfung die angeblichen Geheimnisse für sich lüften, ein Tier erlegen wollte er jedoch nicht unbedingt.

Bei meiner nächsten Murmeljagd allerdings „spielte" er noch den Fotografen für mich, so daß ich endlich einmal ordentliche Fotos bekam. Denn ich vergaß immer vor lauter Eindrücken auf den Auslöser zu drücken.

MURMELJAGD IM ÖTZTAL

Ich freute mich sehr über diese überraschende Einladung und schon am nächsten Sonntag, um vier Uhr, waren wir Richtung Ötztal unterwegs. Als wir ankamen quetschten sich noch ein weiterer Jagdgast und unser Jagdführer zu uns in den kleinen Jeep. Unglaublich, fünf Jäger mitsamt Rucksäcken und Haselnußstöcken paßten in das kleine Auto. Mindestens eine Stunde mußten wir noch durchhalten, auf der Fahrt weiter ins Revier.

Wir fuhren steil bergauf durch den Wald, sahen manchmal nicht einmal den engen Weg, so dunkel und neblig war es. Irgendwann griff unser Jagdführer meinem Mann ins Steuer und riß es Richtung Hang herum. Mit ruhiger Stimme meinte er, “Sal isch aber knapp, gwesen, da bin i schon einmal abgestürzt, Ö.“ Ich dachte ich höre nicht recht!

Endlich erreichten wir doch noch unbeschadet die oberen Ebenen. Dicke Nebelschwaden empfingen uns, von der Umgebung war nichts zu erkennen. Wir schälten uns aus dem Jeep, streckten unsere malträtierten Glieder und standen ratlos herum. So hatten wir uns das nicht vorgestellt, wir überlegten ob eine Jagd unter diesen Umständen überhaupt sinnvoll wäre. Selbst die kleine Hütte, zu der uns unser Jagdführer einlud, um ein wenig abzuwarten, sahen wir erst als wir beinahe schon davor standen. Windschief schmiegte sie sich hinter einer schmalen dürren Lerche in den grauen Steilhang. Ich nahm an, daß wir schon mitten im angestrebten Jagdgebiet seien und hielt deshalb eine Jagd für ziemlich aussichtslos. Doch schließlich beendete unser Jagdführer die Diskussion und mit „ D Wadl`n gschmiert und aufgeht`s“ forderte er uns zum Hochsteigen auf.

Hätte ich doch gewußt was mich nun erwarten sollte! Noch einmal, etwa eine Stunde lang, kletterten wir mühsam hinter unserem Jagdführer den Steilhang hinauf. Ein schmaler Pfad wand sich durch Latschen und Geröll, kaum zu erkennen unter dem Zentimeter dicken Schnee.

Als wir bereits auf über 2000 Meter angekommen waren, durchbrachen wir endlich die Nebelwand, als wären wir durch einen Vorhang hindurchgetreten.
Vor uns breitete sich ein flaches, weites Tal zwischen den hohen Felswänden aus. Als wären sie noch einmal tausend Meter über uns, schienen sie sich über uns herabzuneigen, wie Riesen aus einer längst vergessenen Märchenwelt. Ein schmaler Bach schlängelte sich zwischen ihnen hindurch auf uns zu. Alles mit einer zarten Schneedecke bedeckt. Ob da ein Murmel aus seinem wohlig warmen Bau kommen würde?
Als wir das Tal durchquerten, waren wir endlich an ihren Winterquartieren angelangt und hatten ein Plateau zwischen den Felsen erreicht. Nachdem ich die verschwitzte Kleidung gewechselt hatte, bereitete ich einen Liegeplatz vor und richtet die Waffe.

Dem Himmel nahe, stellten wir uns auf eine lange Wartezeit ein. Es war ca. 9 Uhr morgens.

Die kalte Luft pfiff um meine Ohren, erfror meine Nase und trotzdem döste ich von Zeit zu Zeit ein, um dann plötzlich, wie erschreckt, aufzuwachen und die Umgebung scharfen Blickes abzusuchen. „Vergeblich“, dachte ich, „es ist zu kalt!“.

Unser Jagdkamerad verschwand indes um sich die Beine zu vertreten. Da ein Murmelpfiff!!

Alarmiert suchte ich die Umgebung vor mir ab, aber ich konnte den Murmel nicht sehen. Als ich begriff, daß der Pfiff täuschend echt von unserem Jagdfreund kam, war dieser auch schon an meiner Seite und versuchte mir aufgeregt den Murmel zu zeigen. Ich konnte ihn jedoch einfach nicht finden, ungeduldig redete er auf mich ein, aber erst mit Hilfe der Beschreibung meines Mannes entdeckte ich ihn. Die ganze Zeit hatte er weit oben auf einem Felsen gelehnt und auf uns herabgesehen.

Ganz wo anders und viel weiter weg als ich gedacht hatte. Während ich immer geradeaus auf dem linken Hang suchte, lehnte der gemütlich am rechten. Jetzt hatte ich es eilig, die vorbereitete Auflage paßte überhaupt nicht. Ich mußte mich nach rechts wenden und schnellstens improvisieren.

Neben mir nur die Spitze eines schräg aus dem Boden ragenden Felsen, hinter dem ich versteckt gelegen hatte. Egal, den Rucksack drauf und die .223er in Anschlag.

Als ich den Murmel endlich im Fadenkreuz hatte, war er winzig klein, ich konnte nur seinen Kopf ausmachen, er mußte über 200m weit weg sein.

Mühsam versuchte ich die Waffe ruhig zu bekommen, schon die kleinste Bewegung konnte alles zu Nichte machen. Bei der Auflage, die Waffe „wippte" leicht auf und ab, war ein Schuß jedoch unmöglich. Unser Freund erkannte die Situation, klemmte mir den Bergstock unter die Achsel, „Jetzt schieß doch endlich du blöde Kuh!" rief er gleichzeitig aufgeregt. Und dann ging alles Schlag auf Schlag.
Während am Himmel die Sonne über die Felsen kippte sich kein Lüftchen mehr rührte, kam die Waffe plötzlich zu Ruhe, das Fadenkreuz lag ruhig am Hals des Murmel - überlaut brach der Knall, dumpf kehrte das Echo aus den Schluchten zurück - der Murmel weg!

„Weidmanns Heil!" rief unser Freund und hüpfte aus seinem Versteck. Hatte ich tatsächlich getroffen?
Das mußte ich jetzt genau wissen, ich sprang geradezu den Berg hoch, um meinen Murmel zu suchen. Von unten wiesen sie mich in Richtung Bau ein. Als ich endlich in der Nähe war, konnte ich noch immer keinen Murmel finden. Vorsichtig

suchend kletterte ich zwischen den Steinen herum. Doch endlich entdeckte ich Schweiß und Fett und den Eingang des Baues, der senkrecht nach unten führte.

Da war er, ich sah ihn, aber er lag etwa 1,5 Meter unter mir im Bau. Entschlossen „tauchte" ich kopfüber zwischen die Felsen nach unten und erwischte ihn gerade noch mit den Fingerspitzen an der Schwarte. Stolz zeigte ich ihn ins Tal, und schickte einen überglücklichen „Jauchzer“ hinterher.

Erschöpft kletterte ich die Felsen hinunter, das weite Tal war inzwischen wieder grün geworden, der Schnee geschmolzen. Heute noch lehnt die einzige „Katze“ unter den Bären an der Wand und kratzt sich immer noch unbekümmert am Hals.

Als wir nach Stunden endlich wieder zu Hause angekommen waren, kehrte wieder Ruhe ein nach all der Aufregung.
Wir genossen den Abend und ließen den Tag noch einmal vor unseren inneren Augen vorbei ziehen!

Es war auf jeden Fall ein Sonntag!

Unser Bekannter war genauso stolz wie mein Mann. Beim nächsten Treffen schwärmten beide in lauten Tönen von diesem Schuß. Ich saß in der Runde und brauchte gar nichts zu sagen. Hätte ich so geredet, hätten sie sicher alle gedacht was für ein eingebildetes Weib, so konnte ich in aller Ruhe genießen!

Außerdem wollte ich es ja selbst fast nicht glauben, daß mir dieser Schuß gelungen war.

DER JÄGER IM HIMMEL

Der Petrus klagt, die Jagersleut kann i heroben nit brauchen,
der Boden leidet durch die Schuh, das Firmament durchs Rauchen.

Sie haben alle mitanand, halt gar nix von was Feinem
dazu das allerschlimmste ist, daß sie so viel Lateinern.

Darauf spricht der Herr mit mildem Blick,
A Jager hat auf Erden, bis hin zum allerletzten Schuß
den Rucksack voll Beschwerden.

Den Wildschaden und die Wilderer, den Zank mit Bauernweiber,
dazu kommt noch das Ärgernis mit Hunden und mit Treiber.

Drum Petrus merk was ich dir sag, den Jagern darfst net kündigen,
red mit dem St. Hubertus noch, werd`s wohl an Ausweg finden.

Und seitdem ham`s die Jagersleut im Himmel gar net übel,
sie habm im letzten Winkel dort, a gemütlich`s Extrastüberl.

Ist zwar kein Wild findet sich aber auch im Wald:

SCHWAMMERLSAUCE

Frische Waldpilze blättrig schneiden, Zwiebel für 1kg Schwammerl klein schneiden und goldbraun rösten in wenig Öl - Butter (nußgroß) – Schwammerl – 2 Zehen kleingeschnittener, zerdrückter Knoblauch - dazu geben.
Mit Mehl stauben und Wasser aufgießen und ca. ½ Stunde schmoren lassen.
Am Schluß mit Salz und Pfeffer würzen – eventuell mit Sahne oder Creme Fresh verfeinern.
Beilage: Semmelknödel

Mein Mann hatte in der Zwischenzeit auch die Jagdprüfung bestanden, während ich jedoch ganz brav mit Murmel begonnen hatte, stieg er natürlich gleich in die „Königsklasse" auf und bekam zum erfolgreichen Abschluß der Jagdprüfung einen Rehbock-Abschuß geschenkt. Doch so einfach machte der es ihm nicht. Er mußte viele Male nach seinem Bock ausrücken, ihn sich wirklich erarbeiten. Wenigstens ein kleiner Ausgleich!
Vorerst gingen wir wieder einmal „Jagd-shoppen", wir fuhren nach Deutschland, dort gab es einen Laden der alte Armeesachen verkaufte. Dort konnten wir immer etwas für unsere Ausrüstung finden. Die Sachen waren fast immer besser zu gebrauchen als das „neu Erfundene" und außerdem sah man in neuen Sachen immer wie ein Sonntagsjäger aus, der seine tollen neuen Klamotten aus dem Katalog bezieht, bei uns konnte das nicht passieren. Irgendwann startete auch die Jagd nach dem „Prüfungs- Bock".
Das Beste daran war, daß ich die Männer oft begleiten durfte und auch so einige Jagderlebnisse dabei erfuhr.

**IN EIGEN-
VERANTWORTUNG**

Wieder einmal waren wir im hochgelegene Bergrevier unterwegs. Die Bergstraße wand sich durch den dichten Wald, ab und zu durch einen alten Forstschlag unterbrochen, der bereits wieder mit mehrjährigem Nadelwald bewachsen war. Weiter unten auf diesen Kahlschlägen zeigten sich meist offene Wiesen. Ihre mit Blaubeerstauden bewachsenen Hügel, boten guten Einstand für das Wild.

Wieder einmal war ich eingeladen worden mitzufahren und beobachtete aus dem Auto heraus die Umgebung neben der Straße. „Immer schön aufpassen und rausschauen!“, deklamierte unser Bekannter, wie in der Schule und fuhr im Schrittempo durchs Revier.

Plötzlich blieb er stehen: „ Wenn du möchtest, setzten wir dich hier am Hochstand ab, du mußt nicht wenn du nicht willst?“
Überrascht kramte ich meinen Rucksack, Jacke und Waffe zusammen und sprang aus dem Auto. Natürlich wollte ich und kaum, das ich nachdenken konnte, stand ich dann auch schon am Straßenrand. „Du kannst alles schießen was du siehst, alles noch offen!“, rief er mir zu und mit einem „Waidmanns Heil“ war das Auto auch schon um die nächste Kurve verschwunden!

Ein Bischen benommen pirschte ich erst einmal leise am Waldrand den Forstweg entlang zum Hochstand. Ich konnte selbst entscheiden! Ich durfte alles jagen was mir vor die Büchse kam? Etwa auch einen Mountainbiker? - nein Scherz! aber der Hochstand stand schließlich an einem Forstweg und die Verrückten unter den Mountainbikern verursachten oft Panikreaktionen.

Ich warf mir den Rucksack um die rechte Schulter und kletterte die wackelige Leiter hoch. Die knorrigen, grauen Balken knarzten bedenklich, doch idealer Weise waren sie vom restlichen Wald kaum zu unterscheiden. Fichtenzweige, die schon lange ihre gesamte Nadelpracht verloren hatten, boten an der Vorderseite etwas Schutz.

Die Bank war wieder einmal zu niedrig für mich, also holte ich in gewohnter Art mein Fernglas aus dem Rucksack und verwendete ihn als Sitzkissen. Dann durchlud und sicherte ich meine Waffe und stellte sie griffbereit ab. Noch der grüne Pullover als Unterlage für die Waffe und als Sichtschutz über die Brüstung gelegt.

Gedankenlos, nicht eben leise richtete ich mich so nach und nach ein. Plötzlich sprangen erschrocken zwei Rehgeißen über die Lichtung. „Schitt, so das war's für heute", so schnell hatte ich kein Wild erwartet.

Na, wenigstens von einem Anblick würde ich erzählen können, dachte ich und stellte mich auf einen ruhigen Abend ein.

Doch Hoffnung und Geduld machen den Jäger aus, so wartete ich ruhig und beobachtete die Umgebung ganz genau. Jedes kleine Detail, immer darauf achtend, daß mir keine, noch so kleine, Bewegung entging.

Die warmen Sonnenstrahlen glänzten über das frische Grün, neben mir plätscherte leise ein kleiner Gebirgsbach. Langsam verging die Zeit. Immer wieder suchte ich die Randzonen der Lichtung ab, die Sonne sank bereits den Gebirgskämmen entgegen. Die Geräusche begannen sich zu verändern der Abend kündigte sich an.

Plötzlich stand sie einfach da! Wie hingezaubert entdeckte ich die Rehgais links von mir! Mitten auf der Wiese zupfte sie an den saftig grünen Blättern, kaute eines nach dem anderen genüßlich, schob es von einer Backe in die andere, mit dem Blick in meine Richtung.

Gebannt registrierte ich jede ihrer Bewegungen, mit jedem Mal in dem sie sich von mir abwandte, bekam ich die Waffe mehr und mehr in Anschlag. Ganz vorsichtig jede Bewegung vermeidend richtete ich mich ein. Das Fadenkreuz wanderte über den Rehkörper, aber hatte sie auch kein Kitz dabei? So viel ich vom Körper sehen konnte, mußte es eigentlich eine Schmale sein, aber ganz sicher war ich nicht. Während ich durchs Zielfernrohr beobachtete, versuchte ich gleichzeitig in die richtige Schußposition zu halten. Wenn sie richtig stehen würde, mußte es unter Umständen schnell gehen und eine Schnelle am „Züngel“ war ich wirklich nicht. Doch hier paßte die Auflage nicht, da konnte ich mich nicht abstützen. Ich richtete mich auf, schob das rechte Bein unter den Po um den Ellenbogen höher auflegen zu können, einmal so, einmal so, gleichzeitig mußte ich aufpassen.

Doch die Geiß ließ sich nicht stören, einen guten Schuß konnte ich jedoch auch nicht anbringen. Wenn ich schon alleine ansaß, wollte ich auch keinen Fehler machen. Lieber ließ ich sie laufen, als dem Kitz die Mutter wegzuschießen.

Es verging endlose Zeit!

Endlich war ich mir sicher, sie führte kein Kitz, doch immer noch paßte mir die Schußposition nicht! Als sie abzudrehen begann, mußte ich mich entscheiden, einen winzigen Augenblick lang hatte ich noch eine Chance -- wumm -- die Kugel flog!

Die Geiß brachte ihre Bewegung zu Ende und sprang in einem Satz über den Hügel davon, gerade noch sah ich ihren Spiegel, dann war sie verschwunden!

Entsetzt dachte ich sofort, „Fehlschuß!"

Kopflos - nur so kann man dies bezeichnen, ließ ich meinen Rucksack, mein Glas, alles am Hochstand zurück und sprang hinter der Geiß her. Die Furche im hohen Gras war gut zu erkennen, nur finden konnte ich sie nicht.
Vorsichtig suchend ging ich langsam bis zum Waldrand, wo hohe Wiese und Walderde nahtlos ineinander übergingen, alles war nur noch braun, die Wurzeln der Baumriesen, Nadelboden, Erde. „Ich werde Hilfe holen müssen", dachte ich und drehte mich um, und da lag sie, in einer Grube zwischen Baumstümpfen.

Schutzsuchend hatte sie sich mit letzter Kraft noch in einer Mulde versteckt. Sprachlos ob dieses Eindruckes setzte ich mich erst einmal, ich könnte die Gefühle, die in diesem Moment auf mich einstürzten nicht beschreiben.
Nach Minuten der Stille, erinnerte ich mich wieder an den Rucksack, an meine Männer, die den Schuß gehört haben mußten.

Wenigstens raufhohlen wollte ich sie, und oben sein bevor die Männer da waren. Doch so einfach war das nicht! Alles war taunaß und ich stand an einer steil abfallenden Wiese. Mühsam zog und zerrte ich die Geiß, manchmal auch mich mitsamt der Geiß, nach oben.

Ich war der Erschöpfung nahe, als der Kopf meines Mannes am Grad der Wiese „auftauchte" und mich mit besorgter Miene schimpfte: „Was machst du denn da, wir haben dich schon verzweifelt gesucht", gleichzeitig kletterte er herunter und nahm mir das Reh ab.

Ein Stück weiter oben begrüßte mich unser Bekannter mit einem Lachen im Gesicht, „Du ich glaube vor ein paar Minuten ist ein großer Rucksack vorbeigelaufen und hatte ein tolles Fernglas umgehängt!"
Dann bekam ich doch noch von beiden eines herzlichen Waidmanns Heil und ein Schnapserl auf die erfolgreiche Jagd. Das konnte ich jetzt wirklich gebrauchen. Aufgeladen mit neuer Energie empfand ich einfach nur Freude. Ich hatte die richtige Entscheidung gefällt und außerdem auch noch gut getroffen. Bevor wir den Heimweg antreten wollten versorgten wir die Gais noch im nahen Gebirgsbach in seinem glasklaren, eiskalten Wasser.

Die Dunkelheit brach bereits herein, als wir den Wald hinter uns ließen und begleitete uns auf dem Weg nach Hause. „Nicht fünf Minuten alleine, kann man dich lassen und schon hast du einen Jagderfolg, wir hatten nicht einmal einen Anblick", wetterten die Männer mit verschmitztem Grinsen und steuerten vergnügt die nächste Wirtschaft an.

Am gleichen Sitz hatte ich auch eine meiner interessantesten Erinnerungen.

Wir waren wieder einmal bei unserem Bekannten im nahen Revier unterwegs. Die Männer hatten ihren Hochstand verlassen und waren mit dem Auto unterwegs mich zu holen, dabei begegnete ihnen ein Abnormer. Lange dünne Spieße trug er, statt des 6er-Geweihes, als Schmuck auf seinem Haupt. Doch die Waffe lag unerreichbar im Kofferraum. Aufgeregt erzählten sie mir davon, denn das war wirklich eine begehrte Trophäe.
Da er in der Nähe meines Lieblings-Hochstandes gesichtet worden war, freute ich mich schon auf die nächsten Jagdtage.

REHRÜCKEN

Das Fleisch am ganzen Rücken säubern und bis zu den Ansätzen der Rippen ablösen.
Zwischen den Dornfortsätzen der Wirbel das Wildbret durchschneiden (biegt sich sonst). Pfeffern, Salzen und in Butter anbraten. Den Rücken auf den Knochen legen in den Bratenrückstand 50g klein geschnittenen Speck einrühren und mit weniger als 1/8 l Rotwein ablöschen.
Den Topf verschließen und bei 220°C im vorgeheizten Backrohr dämpfen. (etwa 35 Min.) Aus dem Topf nehmen und warm stellen (rasten lassen!)

Den Bratensaft mit Suppe befreien, mit Salz und Pfeffer abschmecken und mit einem Schuß Obers verfeinern.
Zum Eindicken eventuell eine Buttereinbrenn bereiten.
Dazu bißfest gegartes ganzes Gemüse reichen, Erbsen, runde Karotten, Kohlsprossen, Brokkoli, usw.

FALSCHER REHRÜCKEN - NACHTISCH

13dkg Butter, 15dkg Zucker, 1P Vanillin-Zucker, 2Eier, 25dkg Mehl, 1P Backpulver, 3dkg Kakao und 1/4L Milch der Reihe nach zu einem Rührteig verarbeiten.
Den Teig in eine mit Butter und Bröseln ausgestreute Rehrückenform füllen und 20 - 25Min (Stäbchenprobe!) bei mittlerer Hitze (180°C) backen.
Eventuell durchschneiden und mit Marmelade füllen. Mit Schokoglasur überziehen und mit Mandelstäbchen verzieren.

DER ABNORME

Abendsonne und zarter Wind zauberten ein glitzerndes Farbenspiel in den Gebirgswald, während ich mich leise an „meinen“ Hochsitz heranpirschte.

Das mit verwitterten Ästen versehene Geländer verpaßte ich wie immer meinen grünen Pullover zum Sichtschutz, um dahinter alle meine Bewegungen zu verbergen. Auf dem offenen Sitzt mußte ich ganz ruhig sitzen um nicht entdeckt zu werden, wenigsten ein Dach hatte ich über dem Kopf, wenngleich es auch nur wenig Regen abhalten konnte.
In der abendlichern Stille, hoch oben im Gebirgsrevier, genoß ich das leise Rauschen des Windes und das leise Zwitschern der Vögel. Langsam ging der Tag zur Neige, die Sonne versank hinter den Gebirgsspitzen. Mit dem Verschwinden der letzen Strahlen wurde es gleichzeitig empfindlich kühl, die Vögel waren kaum mehr zu hören, nur noch das kleine Bächlein neben mir gluckerte leise dahin.

Jetzt war die Zeit gekommen in der der heimliche (vorsichtige) Bock sicher austreten würde. Aufmerksam beobachtete ich jeden „Winkel“, sogar hinter mich blickte ich. Stand doch der Sitz am Ende einer steilen Waldschneise, die hoch oben im dahinter liegenden Wald begann und bis zu meinem Platz herunterführte. Auch dort wähnte ich den Bock. Plötzlich, vor mir, blitzte es rot auf. Der bereits einmal gesichtete und ersehnte Abnorme hüpfte mitten aus den hohen Gräsern auf den Hügelrand zu. Die vielen kleinen und mittleren Fichten boten ihm leider ausgezeichneten Sichtschutz, und somit Deckung.

Herzklopfend nahm ich meine Waffe und richtete mich ein. Genau in diesem Moment verschwand der Bock wieder hinter einer mit ausladenden Ästen versehenen Fichte. Ich konnte ihn dahinter stehen sehen, gespannt entsicherte ich, stach ein und hoffte, daß er hervortreten würde. „Nur zwei Schritte nach links und er wäre mein“, dachte ich.

Dann konnte ich deutlich sein graues Haupt erkennen und seine langen Stangen, doch immer noch war der Körper verdeckt. Der Schlaue stand jetzt genau unter der Hügelkuppe und war wieder nicht frei. Plötzlich kam er hoch, für einen winzigen Augenblick sah ich „Blatt“, doch ich zögerte und schon war meine Chance verspielt.
Der Bock hingegen stieg vergnüglich zwischen den Bäumen, dem hohem Gras und Buschwerk herum und bediente sich genüßlich an den saftigen Blättern ringsum, ohne zu ahnen, daß der Tod ihm folgte. Er knabberte hier an einem Blatt, kratzte sich hinter den Lauschern und blickte sogar in meine Richtung; hielt überrascht inne, um dann gemächlich aber zügig hinter den Wiesenkamm zu treten. Ich konnte zwar seine rote Decke immer wieder aufblitzen sehen aber er blieb jetzt gut verdeckt. Ich sicherte und entspannte und hoffte gebannt auf eine bessere Gelegenheit. Doch wenig später hörte ich das Auto meiner Gefährten. Leise verschwand der Bock zwischen den Büschen, der Zauber war vorbei.

Einige Tage später erklomm ich wieder vorsichtig die Leiter. Der Abnorme war immer noch unterwegs, noch hatte ihn keiner außer mir ein zweites Mal gesichtet. Leise richtete ich mich ein, ganz vorsichtig. Gespannt wartete ich, war heute der Tag?
Ich beobachtete die verwachsene Lichtung, schätzte die Zeit nach dem Stand der Sonne, wobei diese an diesem Regentag ohnedies kaum sichtbar war und wartete. Plötzliches Knacken in der Stille! Von links kündigte sich etwas an. Mein Herz klopfte stürmisch; schnell richtet ich meine .243er in diese Richtung entsicherte und wartete.

Schon konnte man Bewegungen im Buschwerk ausmachen, von links näherte sich tatsächlich Wild, rot blitzte es durch die Äste, war er das?
Ich verfolgte seinen Weg hinter dem Geäst, dann plötzlich, stand das Reh frei auf der Lichtung, nur das Haupt äsend versteckt im hohen Gras. Zwei, drei Schritte dann warf er das Haupt sichernd hoch, ich sah ihm in die Lichter, erkannte - nein - ein unbekannter Bock!

Einen Augenblick wog ich blitzschnell ab, der oder der Abnorme. Ich entschied, Finger weg vom Abzug, die Waffe sichern, der Abnorme wäre die richtige Wahl. Mit vor Aufregung klopfendem Herzen stellte ich die .243er ab. Heute nicht!

Als würde er meine Entscheidung erkennen äugte mich der Bock vertraut an und zog vorsichtig weiter. Vielleicht spürte er auch einen Konkurrenten, er schlich über die Lichtung lugte hinter alle Bäume bevor er zwischen ihnen hindurchlief. Er tanzte geradezu vor meiner Nase herum, bevor er endlich im Wald „verschwand“. Ich hätte sicher fünf Mal die Gelegenheit gehabt ihn nach Hause zu tragen.

Zum Glück blieben meine Begleiter heute länger aus, als gewohnt, ich wollte unbedingt noch warten ob der Abnorme sich sehen ließ.

Es wurde immer dunkler, das Schußlicht nahm zusehends ab. Von hinten zog eiskalter Bergwind in mein Genick.

Auf dem offenen Stand wurde es richtig ungemütlich. Ich stellte den Kragen meiner Jacke auf und zog die Strickmütze weit über den Kopf.

Leise kramte ich ein grünes Halstuch aus meinem Rucksack und band es über die Strickmütze. Jetzt war ich ein wenig geschützt. Meine dunklen Finger-Handschuhe machten auch noch meine Hände unsichtbar.
Noch schnell ein Obstler, scharf rann er meine Kehle hinunter und wärmte ein wenig, so genoß ich die Stille des Waldes.

Eine Weile saß ich da und bewegte mich kaum - wie in Kindertagen als ich im Wald Indianer gespielt hatte. Heimlich hoffte ich immer noch auf den Abnormen.
Und tatsächlich, plötzlich wieder verräterisches Knacken, diesmal links kaum drei Meter neben mir; überrascht lauschte ich.
Was für ein Tier würde da kommen, ich fühlte mich auf jedem Fall sicher, da oben auf meinem Hochstand.

Da sprang er wie ein wilder Wolf, geradewegs aus dem Wald auf mich zu, begann keine zwei Meter unter mir hastig zu grasen. Ständig sprungbereit, einen Vorderlauf eingezogen wie ein Vorstehhund, "riß" er das Gras ab. Vermutlich ahnte er die Gefahr und konnte mich trotzdem nicht entdecken.

Jetzt nur nicht bewegen, dachte ich. Im Augenwinkel beobachtete ich ihn, nicht einmal den Kopf zu wenden traute ich mich. Vielleicht erwischte ich ihn doch noch. Endlich wurde sein Haupt von dem Zwillingsstamm einer Buche verdeckt. Langsam und vorsichtig keinen Laut verursachend drehte ich mich mitsamt meiner Waffe um, doch der Bock stand schon weiter oben hinter einer kleinen Fichtengruppe, und entfernte sich rasch. Auch der Wald hatte sich zunehmens verdunkelte. Noch hoffte ich, er würde sich weiter oben auf der helleren Lichtung zeigen, doch schon vernahm ich das leise Heranrollen des Wagens.

Vorsichtig um ihn nicht zu erschrecken packte ich enttäuscht meine Sachen und verließ die Kanzel. Auch der Wald war jetzt schon zu dunkel geworden, die Jagd vorbei.

Im Auto entschloß ich mich mein Geheimnis preis zu geben, ich wollte ihn nicht mehr schießen, sollte ein Anderer die Gelegenheit bekommen oder er schaffte es wieder sich davon zu stehlen. Doch schon wenige Tage später erhielt ich von unserem Jagdkollegen die Nachricht, der Abnorme wäre gefallen.
In meinen Erinnerungen stiehlt er sich jedoch immer noch heimlich durch den Wald.

<u>Der Wildschütz</u>

A Jaager birscht im Berg bei Tölz,
Da steht a Wildschütz dort im G´hölz,
All`zwoa gibt´s glei´an Teufelsriß,
ma´woaß nit, wer der g`schwindre is.

Und schaug, von eh s`no´anglegt ham,
So springt a jeder hintern Baam.
Und Langezeit hat koaner g´red´t,

A jeder denkt: will sehg´n wies geht.

Auf d´letzt fangt halt der Jaager an:
„I will nir sagen, was d`halt dan,
Oanmal is Koanmal - moanetweg`n
geh fort und laß di`nimmer sehg`n."

Der Wildschütz fragt: „Is`s Ernst damit?
geh du Zérst vor, i trau dir nit."
„Ja", sagt der Jaager hinterm Baam,
„Gel, wenn i nachher fürikaam,

Na´ schießt mi`nieder auf zehn Schritt,
I geh nit vor, i trau dir nit!"

So machen s ihnenrn Disputant
Von fruah, bis`s dunkel wird und spaat,
Bis koaner mehr den andern siecht,
Da` hab´n sie si´zum Roasen gricht.

Jetz geht`s dahin, kaum hörts an Schritt:
„Guat Nacht", ham s´g´schrien,
„i trau dir nit!"

Auch mein Mann erlegte schließlich seinen Bock und konnte so einiges von seinem Jagdführer lernen. Leider, jetzt durfte ich nicht mehr "gscheit" sein, inzwischen mußte ich aufpassen, daß ich keinen „Quatsch" redete, es hatte aber auch seine Vorteile, denn von nun an konnten wir so herrlich interessante Gespräche führen und vor allem, gemeinsam auf die Jagd gehen!

Im Jänner kribbelte es immer am meisten wieder in den Fingern wenn man die Raubzeug-Jagd ausläßt und so freuten wir uns auf eine Saujagd im Jänner. Mit zwei Autos starteten wir in das bereits bekannte Gatterrevier.

WIEDER IM GATTERREVIER

Die zwei Jagdfreunde im PKW. Mein Mann und ich mit dem großen Geschäftsbus. Auf der Ladefläche die Hunde, Rucksäcke und vier Schweißwannen. Wir waren gleich nach dem Frühstück aufgebrochen und deshalb schon um 12 Uhr in der Nähe des Reviers. Unser Bekannter hatte alles ganz toll organisiert, aber Zimmer zum Übernachten? „Da werd`ma scho irgendo wo welche finden." Man konnte ewig weit sehen bevor man zwei drei Häuser fand! Irgendwann fanden wir dann etwas Ähnliches wie ein Dorf.

Ein paar Häuser gruppierten sich an einer Kurve der Straße und tatsächlich gab es hier ein uraltes Gasthaus, welches auch noch Zimmer vermietete.

Der Verputz bröckelte außen wie innen von den Wänden und wenn man durch den alten Gastraum ging führten im hinteren Bereich breite Steinstufen, die aussahen wie früher in den alten Krankenhäusern, ins nächste Stockwerk. Die hohen Wände viele Male mattweiß überstrichen. Genau so sahen auch die Zimmer aus und außerdem war es in ihnen kalt und klamm. Aber bis wir am Abend wieder eintrafen, würden sie die großen schweren Radiatoren aus Großmutters Zeiten eingeschaltet und die Zimmer aufgewärmt haben. Viele Gäste übernachteten hier sicher nicht.
Die Schnitzel mit Erdäpfeln und Salat waren jedoch groß und gut und nachdem wir keinen Hunger mehr hatten und alle sehr freundlich waren, sah die Welt schon wieder besser aus. Voller Erwartungen fuhren wir ins Revier.

Schon von weitem konnte man das Revier erkennen, mitten in einer baumlosen Ebene war es der einzige Wald und außerdem eingezäunt.

Auf einem breiten Forstweg fuhren wir in den verschneiten Wald ein, passierten das riesige Gatter und nahmen den Weg direkt zum kleinen Forsthaus.
Auch diesmal war ich die einzige Frau, aber hier war das nichts Besonderes, ich fühlte mich so richtig wohl. Endlich einmal kein Außenseiter, alles Bekannte oder Freunde.
Jeder begrüßte jeden, zwischendurch wurden die Waffen ausgepackt, die jagdliche Vorfreude stieg. Schließlich mahnte der Jagdpächter zum Aufbruch: “Jetzt gschleints eich aber, schmeißts eich in die Jeeps, sonst brauch ma heut nimmer jagern gian. In der Nacht muaß in mein Revier a Rua sein.“

Ein rauchender knatternder Jeep nach dem anderen sauste ab in`s Revier. Ich und mein Mann hatten die Freude gemeinsam jagen zu können. Und da er der Jungjäger war durfte er sich

auch als erster unter Beweis stellen. Wenig später waren wir dann auch schon am ersten Ansitz. Wir sollten vorgehen, während unser Begleiter noch den Mais ausbrachte, das Auto abstellte und uns folgte. Leise betraten wir die Kanzel und richteten uns ein. Doch die kleine Rotte, die sich kurz darauf vor uns auf der Lichtung tummelte, bestand nur aus Frischlingen mit ihren Bachen, keine Überläufer waren dabei und so ließen wir sie ziehen und wechselten zum nächsten Ansitz. Doch auch dort hatten wir kein Glück, so stahlen wir uns vorsichtig weg zum dritten. Dieser Sitz stand auf einem kleinen offenen Platz auf dem kaum Schnee lag. Rundherum Buschwerk, welches seine kargen Äste zum Himmel streckte. Gerade aus, eine Schneise, die in den Eichenwald führte, die Bäume waren immer noch über und über voll mit bereits abgestorbenen Laub.

Mein Mann saß vorne, ich stand links und unser Jagdführer rechts hinter ihm. Wir mußten eine ganze Weile warten. Fröstelnd steckte ich gerade die Hände in meine Jacke als ich links vor uns zwischen den dürren Sträuchern Wildschweine entdeckte, die sich langsam dem Kirrplatz näherten. Vorsichtig äugend traten sie langsam aus. Die Überläufer blieben dicht beieinander. Während wir hofften, daß sie sich trennen würden, versuchten wir einen Geeigneten zu finden.

Flüsternd sagte ich, hinter dem Rücken meines Mannes, zum Jagdführer:“ Die links könnte passen, hätte die passende Größe oder?“ Ich hatte jedoch nicht bemerkt, daß er uns zuhörte und seine 270er schon in Anschlag gebracht war. Der Lauf schwenkte sachte nach links! Die Antwort: „Ja, aber dort die auf der rechten Seite brächte noch mehr Gewicht auf die Waage, die ist besser.“ So berieten wir uns zwei drei Mal hin und her, sein Lauf schwenkte, ohne daß wir es bemerkten, immer mit. Dann, plötzlich die leise Stimme von vorne: “Welche ist denn nun die Richtige?“

Da meinte unser Jagdführer plötzlich lauter, „ Halt, wer hat denn da des Sagen - i suach aus!“ „Hoppala“, antwortete ich, „ich bin schon ruhig!“

Doch das war nun den Wildschweinen natürlich zu viel, plötzlich schwenkten sie ihre großen Teller(Ohren) in unsere Richtung und „stampften“ eiligst ab ins Unterholz!

Schuldbewußt kletterte ich mit vom Stand, schon wieder mußten wir wechseln, diesmal fuhren wir weit ins Revier hinein. Die Nächste Möglichkeit befand sich inmitten einer großen offenen Lichtung, rundherum einsehbar. Der Schnee hatte eine freie Fläche geschaffen, alles feine Strauchwerk war niedergedrückt. Man fühlte sich auf der frei einsichtigen Fläche ganz unsicher, nicht leicht so auf dem Präsentierteller auf Wildschweinjagd zu gehen. Es gab keine zweite Sitzmöglichkeit, keine Rückwand, kein Dach. Gerade mal zwei Meter über dem Boden war ein erhöhter, mit dicken dunklen Balken eingezäunter Sitz gebaut worden. Geradeaus, am Waldrand, in einer kleinen Öffnung war eine fixe Futterstelle eingerichtet worden. Diesmal ließen sich die Sauen viel Zeit. Ganz still wurde es ringsum, nur ganz dumpf drangen ab und zu Geräusche zu uns durch, leise begann Schnee in dicken Flocken auf uns herabzurieseln.

Plötzlich entdeckten wir links den ersten dunklen Fleck, ein Wurf vorsichtig erhoben streckte sich durchs Strauchwerk, gleich danach kam noch einer und noch einer. Schritt für Schritt näherten sich die Schwarzkittel vorsichtig der Lichtung. Hätten wir sie nicht gesehen, hören konnte man sie nicht. Als sie den Futterplatz erreicht hatten, trippelten sie aufgeregt durcheinander. Schnell waren einige Überläufer ausgemacht, die mein Mann schießen hätte können, doch keine der Sauen stand frei, die Gefahr zwei gleichzeitig zu treffen war viel zu groß.
Trotzdem richtete mein Mann die Waffe, stach ein und verfolgte konzentriert das Treiben.

Vielleicht ergab sich doch eine Gelegenheit. Aber diesmal war ich ganz still, aber auch unser Jagdbegleiter sagte nichts, deutete nur vorsichtig. Die Sauen wechselten ständig die Plätze, rannten nun, wie alarmiert, ununterbrochen durcheinander, gleichzeitig mit ihren großen unförmigen Würfen die winzigen Maiskörner aus dem Schnee klaubend.

Schon verließen die ersten wieder die „Bühne“ und liefen hintereinander her rechts ab in den Wald zurück.
Beinahe waren die Schweine wieder alle zwischen dem Strauchwerk verschwunden, als sich ein Überläufer noch einmal kurz umdrehte. Kurz vor dem sicheren Strauchwerk, verharrte er einen winzigen Augenblick

„Kawumm---------!“ - dröhnte der Hall der 270er in meinen Ohren.

Wie leergefegt war der Platz. Leise fiel der Schnee in dicken Flocken vom Himmel.
„Die hast du gefehlt“, sagte unser Jagdführer ärgerlich mitten in die Stille hinein.
Nein, das habe ich nicht“, kam bestimmt die Antwort, „Ich bin gut abgekommen!“
„Ja, ja, das sagen alle Schützen!“
Während die zwei vor sich hin zankten, verließen wir leise den Stand. Am Waldrand war jedoch kein Schweiß zu finden. Wir folgten den Spuren, die die Rotte hinterlassen hatte, dann endlich die ersten roten Tropfen. Noch einmal 20 m weiter eine tiefrote Spur, gleich dahinter stand die Bache angelehnt an eine Baumgruppe. Vorsichtig pirschten wir heran, lebte sie noch? Doch sie bewegte sich nicht mehr! In gebührendem Abstand umrundeten wir die Sau und erkannten, daß das Ende schneller gekommen war als die Sau fliehen hatte können!

Unglaubliche wie sie da vor uns Stand, als würde sie jederzeit wegspringen. Welches Erlebnis!

Erleichtert nahm mein Mann den Bruch entgegen und genoß sein Waidmanns Heil. Die Sau bekam ihren letzten Bissen und wir alle ein Erinnerungsfoto.

Glücklich luden wir die Sau anschließend in den Jeep, versorgten sie notdürftig und da es eiskalt war, konnten wir dann sofort weiterfahren. Diesmal brachte uns unser Jagdführer zu einem entlegenen Waldstück, am anderen Ende des Reviers. Ganz versteckt führte ein schmaler Weg durch dichtes Unterholz. Der kleine Jeep kam gerade noch so durch das Gebüsch. Wild wucherte es zwischen den hohen Bäumen, deren kahle Äste sich zu einem dichten Dach zusammenschlossen. Man konnte nur erahnen wie dunkel und heimlich es hier im Sommer wohl sein mußte, wenn alles noch zusätzlich mit Laub bewachsen war. Wir stellten den Jeep ab und gingen das letzte Stück zu Fuß weiter.

Am Ende des schmalen Forstweges entdeckte ich eine Salzlecke, gleich dahinter tat sich eine Lichtung auf. Selbst hier wuchsen die Baumwipfel zusammen, ließen kaum einen Blick zum Himmel frei.
Rechter Hand führte eine enge Schneise weiter in den Wald hinein. Wie ein Bachbett in der Mitte vielleicht fünf Meter breit, eingeschlossen von schrägen Hängen links und rechts. Am Ende entdeckte ich einen verwitterten Hochstand. Schnell warfen wir noch etwas Mais zum Salz und stapften dann die etwa 150m hoch.

Vom viereckigen Stand aus wagte ich erst einmal einen Rundumblick. Herrlich, alles konnte man gut überblicken, die besten Chancen für mich. Vor uns den Hang hinunter konnte ich die Salzlecke gut einsehen. Rittlings setzte ich mich auf das lockere Brett.

Um halbwegs gut in Anschlag zu kommen, klemmte ich den wackeligen Rundling, der da bereit lag, unter meine rechte Achsel, so jetzt konnten sie kommen, ich war schußbereit. Da knackte es hinter mir. Oje, oje bewegen durften sich die Männer nicht, kaum verlagerten sie ein bischen ihr Gewicht, „knarzte“ das Holz unter ihren Füßen.
Das konnte lustig werden! Doch die Männer hielten brav durch. Ganz still standen sie hinter mir. Langsam wurde es unter den Bäumen nicht nur dämmrig sondern fast schon dunkel, als unser Begleiter an mein Ohr flüsterte:“ Wo bleiben die denn?“ Fast wäre mir ein Lacher ausgekommen. Wie oft war ich schon bis zum nächsten Morgen umsonst gesessen?

Da raschelte es - ein Specht, ein leises Knacken, wieder, nur ein Reh, trotzdem spürte ich eine fast körperliche Unruhe.
Alarmiert kontrollierte ich aufmerksam die Umgebung, plötzlich entdeckte ich links oben eine mächtige Bache. Aug in Aug sah sie zu mir herab. Versteckt deutete ich den Männern, „Nur ja nicht bewegen, steif wie eine Statue stand unser Jagdführer hinter mir, „Siehst du den Spalt im linken Teller“, flüsterte er fast unhörbar, „die kennen wir, die ist schon mal angeschossen worden, die kann uns alles verderben.“

Blasend stand sie da, Dampf trat aus ihren aufgeblähten Nüstern, den Wurf ab und zu in die Höhe hebend. Immer den
Blick in unserer Richtung, begann sie schließlich im Zeitlupentempo, einen Hammer vor den anderen zu setzen, in Richtung Salzlecke an uns vorbei.

Es schien Stunden zu dauern bis sie einen Meter zurückgelegt hatte, wie ein Roboter bewegte sie sich weiter vorwärts. Erstarrt und gebannt verfolgte ich ihre Bewegungen. Endlich hatte sie den halben Hang hinter sich gebracht, als sie blitzschnell von einem jungen Keiler, mit an die zehn Frischlingen im Gänsemarsch hinter sich, überholt wurde. Sie galoppierten förmlich zur Futterstelle.

Jetzt gab es kein Halten mehr, plötzlich strömten Wildschweine wie Ameisen von überall her, über die Hügel kommend, Richtung Salzlecke. Binnen Minuten war die Futterstelle schwarz von ihren Leibern und immer noch kamen sie herabgelaufen.

„Na das wird schwierig, jetzt sind es wieder zu viele“, hörte ich emotionslos aus dem Hintergrund.

Die 300er im Anschlag und eingestochen, versuchte ich die Richtige zu finden. Wir suchten bei der Salzlecke, der einzige Platz an dem ab und zu ein „Loch“ entstand und eine frei war. Ich wollte die links vom Salz nehmen, „Nein, nimm die direkt an der Lecke, die hellbraune“ ich widersprach nicht, aber in der Bache erahnte ich den Keiler. Mir blieb kaum Zeit, die Rotte begann sich bereits wieder aufzulösen, eilig entfernten sie sich wieder in alle Richtungen. Die Entscheidung war gefallen, als die Sau sekundenlang frei stand „ließ ich fliegen“, der Schuß brach - Wummmm - tönte die 300er.
Gerade noch sah man die letzten schwarzen Pürzel zwischen den Bäumen hinter den Hügeln verschwinden, alles leer, wie weggeblasen, als wären sie nie dagewesen.

Mit fragendem Blick sah ich unseren Jagdführer an, “Die hat gezeichnet!“ bekam ich die Antwort auf meine ungestellte Frage.
Langsam stiegen wir den Hang hinab zum Anschuß. Kaum unten angekommen sahen wir sie auch schon, da lag sie keine 50m weit weg.
Freudig gratulierten mir die Männer und schüttelten kräftig meine Hand. Auch ein Foto mußte noch sein, war dies doch mein erster Keiler. Ja genau ein Keiler keine Bache, ich hatte mich also nicht getäuscht. Mit Müh und Not luden wir den schweren Brocken in den Jeep und brachten beide zur Sammelstelle.
Alle hatten diesmal einen super Jagderfolg und wir feierten mehr als ausgelassen bis spät in die Nacht, oder soll ich sagen in den Morgen. Auf jeden Fall versammelten wir uns am nächsten Tag noch einmal im Revier. Mein brummender Kopf begann sich in der klirrenden Kälte langsam zu klären, als mich der Jagdpächter in Begleitung unseres Jagdführers zur Seite nahm, „ Weil mei Kolleg dir den Keiler angsogt hot, verrechne i dir trotzdem nur oan Bachn!“

Mit so viel Fairneß hatte ich nicht gerechnet, ich war schon aufs Preisfeilschen eingestellt gewesen. Auch heute noch fehlen mir die richtigen Worte um meine damalige Freude ausdrücken zu können. Natürlich bedankte ich mich bei beiden, es war einfach super bei diesem Jagdpächter.

Doch auch diese Jagd war schon wieder zu Ende, und wir mußten an die Heimfahrt denken. Beim verlassen des Reviers, drangen die letzte Worte meines Jagdführers an mein Ohr, „Das war seit langem wieder eine schöne Jagd für mich!“

Er sprach mir aus der Seele.

„AUTO-SAUSTRECKE“

Wie gesagt Ich fand es eigentlich schade, daß der junge Keiler geschossen worden war, seine Waffen waren jetzt schon sehr beeindruckend und deshalb beschlossen wir seine Schwarte mitsamt Haupt gerben zu lassen.
Seitdem ziert er unsere Wohnzimmerwand, in Erinnerung an diese interessante Jagd.

Der Rausch

Na, gront der Hans, mit so an Rausch
do geht`s oan scho` z`wider!

Heut hast`n, morgen graust dir dann
und übermorgen – hast`n wieder!

WILDSCHWEINRAGOUT

Wildschweinschulter ca 1Kg in kleine Stücke (3cm) schneiden. Zwiebel schälen und kleinwürfelig schneiden. Zwiebel goldgelb rösten, Fleisch dazugeben und „weiß" rösten. Hitze zurückschalten, ca. 3EL Paprikapulver einrühren, 1/8L Rotwein und ¼ L Wasser zugießen und aufkochen. Mit Salz, Pfeffer Majoran, Kümmel und 4 Z Knoblauch würzen.

Im Kelomat 1 Stunde kochen, öffnen und ¼ Stunde fast zugedeckt weiterkochen bis das Fleisch weich ist, 1/8 L Sauerrahm mit 1 EL glattem Mehl vermischen und einrühren und kurz weiter köcheln.
Nachwürzen!

Beilage: Spatzeln oder Semmelknödel

Eines Tages „regnete“ mir eine spontane Jag-Einladung auf einen Fuchs ins Haus. Ich hätte im Moment keine geeignete Waffe, aber ich würde mit seiner eben so gut treffen, versicherte mir unser Bekannter. Von wegen aber,... alles der Reihe nach.

NASSE FUCHSJAGD

Wir fuhren mit seinem Jeep in sein Bergrevier. Ein breiter Forstweg führte uns immer tiefer in den Wald und höher hinauf. Zuerst war der Wald hell und sonnendurchflutet. In den offenen Bereichen wuchsen kleine Laubbäume unterbrochen von dichtem Gebüsch.
Deutlich konnte man die Furchen der Stämme auf dem Weg sehen, die die Forstarbeiter beim Holzschlägern hinterlassen hatten. An den Wegrändern waren endlose Holzstapel aufgereiht, zwischendurch hoch aufgetürmte ungeschlagene grobe Baumstämme. Wie immer genoß ich es, in diesem Revier unterwegs zu sein.
Irgendwann wurde es dann trotz Sonne immer dunkler und dunkler, die Nadelbäume standen dichter beisammen. Dazwischen gab es meterhohen Farn, Flechten hingen herab, der Boden war dicht überwuchert. Alte Stämme lagen kreuz und quer über dem Boden verteilt, bereits mit dicken Moospolstern bewachsen.

In einer Kehre hielten wir endlich an und stellten den Jeep ab. Gleich dahinter gingen wir ein kurzes aber steiles Stück den Hang hinauf. Schnaufend folgte ich meinem Bekannten, zu lange war ich schon nicht mehr bergauf zu Fuß unterwegs gewesen. Aber blamieren wollte ich mich auch nicht und so blieb ich dicht hinter ihm.

Endlich hatten wir das Ende des schmalen Weges erreicht, als wir unmittelbar vor den hölzernen Beinen eines etwa 8m hohen Hochstandes angekommen waren.

Die fast senkrechte Leiter war gar nicht so einfach zu erklimmen. Oben überblickten wir eine kurze grüne Schneise, die man vom Forstweg aus nicht sehen hatte können. Alles war dicht mit niedrigem Buschwerk bewachsen. Rechter Hand ein Waldrand, von wo aus man ein Stück in die Tiefe des Waldes hineinsehen konnte. Vor uns endete die ca. zehn Meter breite steil bergauf führende Schneise, etwa 80 Meter weit weg, am Horizont.
Wir mußten nicht lange warten, als rechts eine Rehgais erschien, die zu einer Salzlecke ziehen wollte. Wenige Minuten später erschien vor uns auf der Lichtung eine zweite Rehgais, nervös sicherte sie in alle Richtungen, gleich danach ihr Kitz.

Während wir die beiden beobachteten, entdeckte mein Jagdkollege den Fuchs. Der starke Rüde kam von unten und schlich sich direkt an das Kitz heran. Er fixierte jedes seiner Bewegungen, begann langsam, geduckt einen Schritt vor den Anderen zu setzen.
„Schnell, schnell, richt dich, stich ein", rief mein Bekannter leise und drückte mir gleichzeitig die Waffe das erste Mal in die Hand. Ich sah den Räuber von hinten, sein gesamter breiter Rücken vor mir. Stach ein, fuhr mit der Waffe über den Fang des Fuchses um ..., Wumm -------- der Schuß brach.

Ich erstarrte, was war denn jetzt passiert?

Der leicht eingestellte Abzug! Aus der ungewohnten Waffe war mir der Schuß „abgefahren“, saublöd!

Ärgerlich und beschämt interessierte mich nur noch, ob ich wenigstens die Gais und das Kitz verfehlt hatte. „ Nein, nein“, sagte mein Bekannter, „den Fuchs hast du kräftig erschreckt, dem wird Kitz in nächster Zeit nicht mehr schmecken!“ Die Rehe hingegen zogen tatsächlich ruhig, vielleicht etwas erstaunt ab.

Ich haßte das! Andere können daneben schießen, ich aber nicht! Für die nächste Zeit hatte ich genug vom Jagen! Wie konnte ich nur so dumm gewesen sein und die Waffe nicht vorher wenigstens trocken probiert zu haben? Ich kam, überschäumend vor Ärger und Zweifel an mir selbst, zu Hause an.

Doch, zum Glück, nahm mich mein Mann nicht 100% ernst, er kannte mich eben. Kurze Zeit später schleppte er mich schon wieder ins gleiche Revier. Er wußte es würde mir trotzdem gefallen.
Und er hatte natürlich recht, es wurde ein wunderbarer Tag. Wir stapften in einem ganz geheimen Winkel steil bergauf. Schwammerlsucher oder Touristen wurden hier sicher selten gesehen, so einsam war der Platz.
Einsam stand auch der Hochstand mitten im Grün und erwartete uns.

Ich genoß diesen Tag, wir hatten wunderbaren Anblick und als Abschluß noch eine netten Jaga-Hoagast. Aller Ärger war vergessen, nächstes Mal mache ich es besser, dachte ich zufrieden.

Am nächsten Tag, es war ein Samstag, ging mein Mann aus dem Haus, “Ich hab´ noch was zu erledigen rief er fröhlich!“, und war nicht mehr gesehen. Den ganzen Tag blieb er verschwunden.
Abends kam er bei der Tür herein, drückte mir eine neue .243er und die Autoschlüssel von seinem neuen Jeep in die Hand, und sagte“, Hier hast du dein Vor-Geburtstagsgeschenk und jetzt beeil dich, du wirst schon erwartet!

Was für eine Freude, ich hatte keine Zweifel mehr an meinem jagdlichen Können. Mit dieser Waffe und seinem neuen Auto, was konnte da schon schief gehen. Der Jagdkamerad, und der Fuchs warteten schon?! Flugs hüpfte ich in die grünen Sachen und weg war ich.
Leider begann es, kaum daß wir im Revier waren, heftig zu regnen. Sollte schon wieder alles verdorben sein? Wir beschlossen auf „Gummi-Pirsch“ zu gehen. Ob rauf ob runter, wohin wir auch fuhren, in dem Regen, der sich inzwischen zu einem anhaltendem „Schnürlregen“ entwickelte hatte, war, außer Wald, nichts zu sehen. Als wir in einen Seitenweg einbogen und langsam um die nächste Kurve fuhren rief mein Begleiter plötzlich leise, „Bleib, stehen, bleib stehen, da unten ist ein Fuchs!“

Wir waren schon ein Stück weiter gerollt. Schnell blieb ich stehen und schob zurück. Da sah ich ihn, mit dem Fang bohrte er in einen Erdhügel hinein. Der Regen prasselte aufs Autodach laut und gleichmäßig. Verbissen grub der Fuchs mit seinen Branken die Erde auf, mit dem Kopf in meine Richtung die Nase tief im Erdreich. Die Hinterhand breitbeinig, die Lunte hoch aufgerichtet, durch das Prasseln des Regens hörte er uns nicht.

Ich ließ die elektrischen Fenster herunter – der Fuchs grub immer noch. Mein Bekannter saß rechts und richtete die 243er in seiner Armbeuge zurecht, während ich mich vorsichtig unter dem Lenkrad herauszog und mich auf den Fahrersitz kniete. Jetzt hatte ich die richtige Höhe um mit dem Zielfernrohr den Fuchs erfassen zu können. Ein Blick, die Waffe etwas weiter nach unten geneigt, doch kein Fuchs zu sehen.
Der Fuchs grub immer noch verbissen in seinem Loch, hin und her drehte er sich. Langsam wurde ich nervös, noch einmal sah ich über das Glas, ich mußte ihn finden! Endlich, die Spannung wuchs, das Fadenkreuz kam auf seiner Brust zum Stillstand. Ich hörte keinen Regen mehr, es gab nur noch mich und den Fuchs. In der gleichen Sekunde in der ich einstach ahnte er die Gefahr, warf das Haupt hoch die Seher in meine Richtung, doch ------ rumm ----- brach der Schuß gedämpft durch den Regen, der Fuchs blieb auf der Stelle liegen!

„Pffffft !“ ließ mein Bekannter die vor Anspannung angehaltene Luft ab, der hat aber lange auf deinen Schuß gewartet! Ich mußte ihm Recht geben, aber:“ Wenn`s paßt, dann paßt´s!“ lachte ich. Jetzt konnte ich ja wieder g`scheit sein!

Nach wie vor regnete es in Strömen, erleichtert richtete ich das Gesicht in den Himmel, wie herrlich, wenn alle Zweifel beseitigt sind. Dann holten wir den Fuchs. Beim nach Hause fahren entführte ich meinen Jagdbegleiter kurzer Hand, er mußte unbedingt mit uns feiern. Gemütlich plaudernd genossen wir den Abend und tranken ein Gläschen (oder zwei oder drei) auf den Fuchs.

Für andere war es vielleicht „nur“ ein Fuchs, für mich wie eine Erlösung, ich konnte es ja doch noch!

Nur Pirschen

Es is a Hetz, wenn ma am Bock nausgeht
und stundenlang oft draußen im Regen
steht!

Man hört nix, als die vielen Regentropfen
oft stundenlang auf sich herunterklopfen.

Patschnaß als wie a Pudl steht ma da
und wettert, wenn ma selber gar nix sah.
Es regnet ohne Rast und Unterlaß,
die Strümpf und d´Schuh und selbst die
Wäsch is naß.

Und trotzdem sagt ein jeder, daß es ist
wunderschön,
im Schnürlregen auf die Pirsch zu gehen.
Daß einzige, was jedermann zum Trost
gereicht,
ist, daß das Gewehr dabei sich nicht
zerweicht.

Drum Jägersleut, befolgt den guten Rat,
im Regen Pirchen ist keine üble Tat.

Es macht nix, wenn'st waschelnaß bist
wurn, du freust dich und dei Alte hat an
Zurn.

MOOSBEERNOCKEN

15 dag Mehl griffig	1P Vanillezucker
1 Prise Salz	3 Eier
1/8L Milch	5 dag Zucker

½ Kg Moosbeeren (Schwarz-, Heidelbeeren)

Eidotter mit Zucker schaumig rühren und eine Prise Salz beigeben. Mehl und Milch dazu geben bis ein dickflüssiger Teig entsteht. Eiklar zu Schnee schlagen und Vanillezucker beimengen.
Schnee und Moosbeeren (gewaschen und gut abgetropft) unter den Teig mischen. Öl (Butter) in einer Pfanne erhitzen, den Teig löffelweise in das Fett geben, rasch auf beiden Seiten herausbacken und warm stellen. Mit Staubzucker bestreuen und heiß servieren.

Irgendwann traf ich unseren alten Jagdherrn zufällig in der Stadt und überraschend bekam ich von ihm, zu meinem Geburtstag, einen Bock-Abschuß geschenkt. Am liebsten wäre ich den restlichen Arbeitstag nur mit einem Grinser im Gesicht herumgelaufen. Wahrscheinlich hätten sie mich dann ins Irrenhaus gebracht.

AUF BOCKJAGD

Also trafen wir uns wieder einmal in dem uns gut bekannten Revier, stiegen alle in ein Auto um und machten uns auf, einen geeigneten Bock zu finden.

Es war und ist eine atemberaubende Gebirgsjagd, deren Forststraßen den Berg weit hinauf führen. Dichter Nadelwald wechselte mit Mischwald ab, zwischendurch frische Holzschlägerungen oder Wiesen, die schon wieder zuzuwachsen drohten. Weiter oben offene Almen, auf denen friedlich Kühe grasten und die Forststraße, die in eine steinige, verwachsene Hochgebirgsstraße überging, um abrupt an einer Felsenwand zu enden.

Unser Jagdherr hatte das Glück, daß hier auf über 2000 m nicht so viele Leute im Wald herumliefen und somit die Beunruhigung des Wildes nicht allzu groß war. Doch diesen Sommer konnten wir trotzdem einfach keinen geeigneten Bock finden. Alles zeigte sich, hier ein „Jahrling“ dort eine „Gais“ nur nicht der 2-er Bock. Wieder einmal durchstreiften wir das Gebiet, beobachteten das Gelände – durchforsteten es mit den Augen und Ferngläsern um einen rötlichen Farbklecks als Reh zu erkennen. Dann kam der Tag an dem wir mit dem Auto leise den steilen Bergweg hinaufrollten und vorsichtig dem „großen Schlag“ zufuhren.

Plötzlich stand er da - wie hingezaubert - der ersehnte Bock. Nur von der Straße aus sichtbar, versteckte er sich zwischen den dunklen hohen Tannen. Leise suchte er nach den besten

Blättern, immer wieder warf er das Haupt auf, sicherte sekundenlang, um dann unhörbar zwischen dem hohen Strauchwerk weiter zu suchen. Der hohe dunkler Nadelwald und die von kleinen Blaubeerhügeln durchzogene Wiese konnten ihn jederzeit wieder „verschlucken“.
Unser Jagdführer nickte mir zu, ich sollte es probieren. Vorsichtig legte ich meine Jacke über den Fensterrahmen des offenen Fensters. Der Motor sollte weiterlaufen, ich wollte kein Risiko eingehen, denn der Bock war sehr vorsichtig. Etwa 70° steil bergab, das müßte zu schaffen sein. Ich legte gut im Wildkörper an und ließ die Kugel fliegen --- rumms!

Der Bock warf auf und flüchtete links ab. Getroffen?!

Wir stiegen aus dem Wagen und begannen den steilen Hang hinunter zu klettern. Mein Jagdherr war überzeugt, der hat gezeichnet, und schließlich fanden wir einige Schweißtropfen, dann eine kurze Schweißspur und Haare, aber - immer noch kein Bock! Eine Stunde später gaben wir auf und riefen einen Bekannten mit Hund zu Hilfe.

Der Jagdleiter erschien, der Hundeführer kam, letztlich liefen da sechs Jäger herum und suchten die Gegend ab. Abgesehen davon, daß der Hund mich nicht überzeugte, weil er mit hocherhobener Nase herumhüpfte, war hingegen sein Besitzer überzeugt, daß dann da auch nichts zu finden wäre.
Welch eine Blamage! Ich mußte ihn wohl überschossen haben, doch zwei Tage lang konnte ich nicht schlafen, lag er am Ende irgendwo verletzt herum?
An diesem Tag jedenfalls suchten wir alle noch ein Gasthaus auf, denn wir waren nicht nur enttäuscht sondern auch total

durchnäßt. Wie peinlich, alle vermieden es tunlichst mir in die Augen zu sehen.
Zwei Tage später fuhren wir wieder ins Revier um Nachschau zu halten. Es war Brunftzeit und die Böcke blieben in der Regel auf ihrer Wiese wenn sie dort eine Gais wußten. Und tatsächlich, wenigstens sehen konnte ich ihn, denn auch er hatte uns bemerkt und blitzschnell warf er das Haupt auf und verschwand mitsamt seiner Gais im Wald - natürlich. Doch in diesen Sommer sahen wir ihn nicht mehr.

Auf einem dieser „Streifzüge“, fuhren wir auch Richtung Hochgebirge, und plötzlich stand da rechter Hand eine Rehgais. Wie erstarrt blickte sie genau in unsere Richtung, rührte nicht einmal einen ihrer Lauscher und beobachtete uns. Unser Jagdführer flüsterte sofort, „Hohl deine Waffe raus, die kenne ich, die habe ich schon lange beobachtet, und nie erwischt, die hat heuer wieder kein Kitz dabei!“

„OK, antwortete ich wenn sie stehen bleibt!?“, ich mußte erst die Waffe repetieren, das Fenster runterlassen die Jacke als Unterlage darüber legen und die Waffe in Stellung bringen. Die Gais blieb tatsächlich während der ganzen Prozedur spitz zu uns gerichtet stehen und beobachtete uns weiter.
Diesmal ließ ich mir Zeit, „Wenn´s paßt dann paßt`s!“, mein alter Wahlspruch kam mir wieder in den Sinn. Das Fadenkreuz lag bereits Sekundenlang auf ihrem Herz, der einzig mögliche Schuß, ruhig stach ich ein, „Solltest du nicht.........“ rumms ------ die Kugel flog, bevor mein Jagdherr noch seine Bedenken zu Ende sprechen konnte. Die Gais stürzte rechts weg, als hätte sie jetzt erst die Gefahr erkannt.

Einige Minuten war Stille, dann kam Bewegung auf, wir stiegen alle drei gleichzeitig, wie abgemacht, aus dem Auto. Vorsichtig und langsam kletterten wir über die mit Moos bewachsenen Felsbrocken Richtung Anschuß. Die Landschaft sah hier aus als hätte sie Rübezahl mit Steinen beworfen. Ständig liefen wir Gefahr zwischen den feuchten Felsen abzurutschen und in einer der schmalen tiefen Spalten zu landen. Wir teilten uns fächerförmig auf. Jeden größeren Spalt mußten wir absuchen, hinter jeden Felsen blicken. Wir

kletterten so lange herum, daß sich schon ein mulmiges Gefühl in meinem Magen breit zu machen begann, als kurze Zeit darauf mein Mann das Reh entdeckte und rief, „Waidmanns Heil!“.

War ich erleichtert, ganze Felsbrocken an Last fielen von mir ab und federleicht sprang ich zu ihm. Das Reh lag tatsächlich ganz versteckt in einem großen Spalt zwischen zwei Felsen.
Nachdem die Gais ihren letzten Bissen bekommen hatte ließ ich es mir nicht nehmen, sie selbst zum Auto zu bringen. Sie war zwar schwer, aber ich so glücklich, daß mir der mühsame Rückweg gar nicht so schlimm vorkam. Beim Einladen, grummelte unser Jagdführer zufrieden in meine Richtung, “Hätte das beim Bock nicht auch so gut klappen können?“

Hatte er mich absichtlich die Gais schießen lassen? Oft ließ ich den Tag der Rehbockjagd vor meinem inneren Auge vorbeiziehen und hätte gerne vieles anders gemacht, aber leider ist die Jagd kein Film, den man zurückspulen kann, man entscheidet binnen Sekunden und bekommt selten eine zweite Chance!

\-------------------

Hier ein vergessenes Wildgericht:

Beuscherl vom Reh

Etwa 1Kg Lunge, inkl. Herz und Lecker wird mit einem Bund Suppengrün, einem Loorberblatt, Thymian, Salz und Pfefferkörner weich gekocht (ca. 40Min).

Danach das Kochwasser abseien und aufheben. Lunge, Herz und Lecker werden fein nudelig geschnitten und in den Topf zurückgegeben. Wurzelwerk und eine größeres Gewürz - Gurkerl werden klein würfelig geschnitten und alles mit dem Kochwasser aufgegossen. Eine lichte Einbrenn zum binden bereiten und mit etwas Essig, Zucker, Salz, Pfeffer und Kapern (eventuell mit einem TL Sardellenpaste) abschmecken.

Dazu Semmelknödel:
300g alte, harte Semmel schneiden (oder Knödelbrot), 90g Fett, 90g Zwiebel, 80g Mehl
glatt,0,3l Milch,4 Eier, Petersilie und Salz.

Eier,Milch,Salz versprudeln, mit den klein geschnittenen, angeschwitzten Zwiebeln und fein gehackter Petersilie mischen und unter die Semmeln heben und ziehen lassen.
Dann Mehl untermischen und mit nassen Händen Knödel formen, in Salzwasser ca. 15 Minuten kochen.

Jägersprache

Die Jäger sind ein komisch Volk,
Ob Steirer- oder Tirolerleit,
Sie haben ihre eigne`Sprach
Oft voll Gottlosigkeit!

Sind fröhlich ein paar Grünröck da
Beim Biere oder Wein –
und wenn ein Sonntagsjäger naht,
Dann sprechen sie „Latein“.
Doch trifft der Grünrock eine Maid,
Eintausend Wochen alt,
„kreist“ er sie vorerst kundig ein,
da wird ihr heiß und kalt!

Dann „äugt“ er scharf und „nimmt auch Wind“
Und geht der Fährte nach“,
bekanntlich liebt er „feines Korn“,
Die „Ständer“ nicht zu schwach.
Die „Lichter“ groß, im feuchten Glanz,
ergreift die Maid die „Flucht“,
Der Waidmann „hängt dem Wilde nach“,
Er „sichert scharf“ und ---„sucht“!

Und durch den sommerlichen Forst
„Springt balzend“ unser Held...
Doch macht sein Wild ´nen „Widergang“-
Dann ist es schon „gefehlt“.
Ob es zum „ halai “ noch kommt,
Hängt von der Schneid viel ab –
Gewöhnlich hat die Jagd „Erfolg“,
Schweigt man auch wie das Grab!

Doch blieb die „Strecke“ leer und öd,
Half „Zuspruch“ nicht dem Schalk,
„Zu Holz“ „vergrämt“ der Jäger „zieht“
Und „murrt“:
„Das war ein Balg!

REHSUPPE MIT REHLEBERKNÖDEL

Für die Suppe 2 Zwiebel grob zerteilen (mit Schale), Suppengrün, Fleisch (Knochen usw.) vom Reh, Rosmarin, Pfefferkörner und nach der ½ Garzeit 2 Lorbeerblätter beimengen mit Wasser aufgießen und 2-3 Stunden sieden lassen (Kelomat!).

Für die Leberknödel 250g Rehleber, 1 Zwiebel, 2 Z Knoblauch und 3 geweichte Semmeln fein faschieren. 2 Eier und 100g Brösel unter die Masse mengen und mit Salz, Pfeffer und Majoran würzen.

Die Masse eine halbe Stunde lang ziehen lassen, mittelgroße Knödel formen und in der Wildsuppe einkochen bis sie aufschwimmen, dann noch fünf Minuten ziehen lassen. In der Wildsuppe servieren und mit frischem Schnittlauch bestreuen.

EIN BRAVER SCHUß!

Einmal im Oktober standen wir mitten in der Innenstadt und erzählten uns lachend die witzigsten Anekdoten des schon fast vergangenen Jagdjahres. Als wir spontan eine Einladung ins Revier eines Bekannten erhielten. Gleich an diesem Abend sollte es sein.
Wir waren in letzter Zeit wieder einmal sehr im Streß gewesen und ein wenig Entspannung tat uns sicher gut, ein wenig ins Revier gehen beobachten! Sogar mein Mann konnte es noch rechtzeitig schaffen, wenn ich die Jagdausrüstung organisieren würde und somit war es abgemacht.

Die Tikka war auf die neue Munition noch nicht eingeschossen, also nahm ich kurzer Hand die .300er mit.

Wieder einmal wurde ich „irgendwo ausgesetzt" und die Männer fuhren weiter. Inzwischen genoß ich es, wenn ich alleine Sitzen konnte und betrachtete erst einmal den kleinen, windschiefen, alten Heustadel, der für heute „meine Unterkunft war". Im oberen Stockwerk waren ehemalige kleine Sennräume zum Ansitzen umgestaltet worden.
Sollte ich ein Reh sehen, mußte ich es unbedingt schießen, um den Abschußplan zu erfüllen, hieß es. Die beiden riefen mir noch ein „Waidmanns Heil" zu und fuhren weiter, um noch ein Tier (Rotwild) zu finden. Das Wetter meinte es an diesem Abend allerdings nicht allzu gut, es blies ein starker Wind und die Baumwipfel bogen sich heftig hin und her.

Die Hütte jedoch lag in einer leichten Senke und so waren hier die Böen bei weitem nicht so heftig.

Ich schnappte meinen Rucksack und die Waffe und kletterte die steile Holzleiter hoch. Geradeaus befand sich ein großes Doppelfenster und rechts weg, in einem eigenen Raum ein kleine Fensteröffnung, einfach aus der Wand geschnitten.

Ich öffnete nur eine Seite des großen Flügelfensters und stellte mir den Sessel im hinteren Bereich auf, um nicht so leicht gesehen zu werden. Dann kontrollierte ich auch den zweiten Raum und bereitete alles vor, falls ich den Platz wechseln mußte.

Ich richtete es mir gemütlich ein, mit dem Fernglas beobachtete ich aufmerksam den Waldrand an der großen Wiese vor der Hütte, aber nichts war zu sehen. Zwischendurch ging ich in den zweiten Raum, jedoch auch von dort aus konnte ich nichts entdecken. Während ich immer wieder zwischen den Räumen hin und her wechselte, senkte sich langsam die Sonne und bald war sie nur noch als orangener Ball über den Baumwipfeln zu erkennen.
Wieder einmal nahm ich mein Fernglas hoch um den Waldrand abzusuchen, da, ich sah genau in zwei riesengroße Rehaugen. Erschrocken tauschte ich das Glas gegen die Waffe und bemühte mich das Reh vor das Visier zu bekommen. Doch es zog zügig links weg hinter die Bäume. Ich fuhr mit der .300er mit, doch als ich es endlich im Visier hatte war es mit einem Seitenschritt zwischen den Stämmen verschwunden.
Schnell packte ich die Waffe und lief leise in den zweiten Raum, dort mußte das Reh gleich am Fenster „auftauchen“.

Kaum hatte ich mich niedergesetzt sah ich schon etwas Braunes zwischen den Baumstämmen.

Die Geiß zupfte hier und da an den Gräsern, stieg einmal nach rechts, drehte sich wieder nach links, aber immer so weit verdeckt, daß ich nicht schießen konnte. Die .300er lag bereit, bei jeder Bewegung blieb ich drauf. Endlich ging das Reh rechts weg, der nächsten größeren Öffnung zwischen den Bäumen zu, ich fuhr mit der Waffe vor auf die kleine Lichtung und wartete.

Plötzlich trat es aus dem Schatten, stand frei, - im selben Moment flog die Kugel ---Wummmm --- dröhnte das schwere Geschoß über die Wiese.

Das Reh blieb auf der Stelle liegen. Erleichtert stellte ich die Waffe weg, meine Hände zitterten nach all der Anspannung einfach zu sehr. Ich wartete noch etwas, wollte nicht, daß das übrige Wild den Schuß mit dem Tod und mir in Verbindung brachte. Tief durchatmend lehnte ich mich zurück und beruhigte mich erst einmal.

Abendstille machte sich breit, es wurde dunkler. Bald konnte man nur noch mit der Taschenlampe den Weg finden. Entschlossen ließ ich, bis auf die Waffe, alles zurück, kletterte die steilen Stufen hinunter und suchte die Gais. Gott sei Dank, hatte ich mir den Platz gut eingeprägt und bald schon konnte ich sie zur Hütte bringen. In nächster Nähe floß ein kleiner Gebirgsbach mit kristallklarem kaltem Wasser, der kam mir gerade recht und ich versorgte sie gleich an Ort und Stelle.

Ich blieb noch ein kleines Weilchen bei ihr. Inzwischen war es stockdunkel geworden, man konnte die Hand vor Augen nicht sehen, kein Mond kein bischen Licht.
So ganz alleine wurde mir ein wenig mulmig, ich beschloß lieber in der Hütte weiter zu warten.
Etwa eine Stunde später vernahm ich endlich das leise Geräusch der Autoreifen, als sie über den Kies des Weges heranrollten. Die Gais lag unterhalb des Weges versteckt am Wasser. Als das Auto bei der Hütte hielt, stand ich mit Rucksack und Waffe bereit.
Unser Jagdfreund stieg aus und stellte enttäuscht fest: „Tut mir leid, daß ihr heute nichts erjagen konntet, bei dem sturmartigen Wind!“

„Ach wirklich?“ fragte ich unschuldig, „Ich hab doch eine Geiß geschossen!“ „Was wirklich, wir haben gar keinen Schuß gehört! Ja, Waidmanns Heil“ rief er erfreut, „ und alle Arbeit hast du auch schon erledigt, dann können wir sie gleich einladen!“

Zufrieden half ich die Geiß ins Auto packen. Es war fast schon Tradition noch einmal einzukehren, gemeinsam die Jagderlebnisse des Abends zu besprechen und alte Erlebnisse aufs neue zu genießen. Es gehörte mit dazu, bevor wir alle nach Hause fahren mußten. Auch diesmal beschlossen wir den Abend in der nahe gelegenen Wirtsstube. Bei einem „Schnapserl“ und einem guten Glas Bier erzählte ich ihnen dann mein Jagderlebnis.

Unser Jagdfreund kommentierte wie ein Professor meine Geschichte, “Ein braver Schuß!“ und nickte dabei nachdenklich mit seinem Kopf.

Was braucht ein Waidmann?

Ein Waidmann, der muß haben
Einen feschen grünen Hut,
Ein ruhig, scharfes Auge
Und frischen frohen Mut!

Eine Büchse, scharf geladen,
Einen fährtensichren Hund,
Fürs Wild ein warmes Herz
Zu jeder Tagesstund.

Ein Lied stets auf den Lippen,
Im Rucksack Brot und Wurst,
Und einen kräftigen Schnabus,
Und tiefen, heilgen Durst!

Manch Waidmannsheil beim Jagen,
Zwei Lippen dann und wann,
Die er nach frohem Pirschgang
von Herzen busseln kann!

Schußzeichen sind auch so eine Sache, Schußzeichen beruhen auf Erfahrungen und sollten deshalb unbedingt mit den eigenen Erfahrungen ergänzt werden.

SCHUSSZEICHEN:

Trefferlage:	Schußzeichen:	Kugelschl.:	Schweiß:	Pirschzeichen:	Schußwirkung:
Kammer	Vorne Hochsteigen, plötzliche Flucht Haupt gesenkt	Klatschend	mittel- bis dunkelrot	Schweiß, mittel-langes Schnitthaar, wenig Boden-verwundung	tödlich, je nach Geschoß weite Flucht möglich. *Abwarten!*
Hochblatt	Hochsteigend vorne od. sofortiges Zu-sammenbrechen od. Abgang mit Hinter-laufschütteln	klatschend	hellrot bis blasig nichts	Lungenteile langes Schnittth., tiefe Boden-eingriffe	je nach Verletzung der Lunge tödlich, *Abwarten!* Sonst weite Nachsuche möglich!
Leber	Krummer Rücken, verharren bis langsamer Abgang *Nachschießen!*	dumpf	dunkelrot - braunrot	Schweiß, Leberstücke, kurzes Schnitthaar tiefe Bodenverwundung	tödlich, verweilt bei der nächstgelegenen Deckung *Abwarten!*
Pansen (großes Gescheide	schmerzvolles Zusammenkrümmen je nach Schußlage verharren bis Flucht *Nachschießen!*	dumpf	mittelrot mit Pansen-inhalt	wenig Schweiß, event. Panseninh. Schnitthaar tiefe Bodenverwundung	erst nach 12-24 Stunden tödlich, kann noch weit ziehen.
Gedärme (kleines Gescheide)	Zusammenbrechen im Feuer	hell	selten Schweiß	selten Pirschzeichen	meist auf der Stelle töd-lich
Wirbelforts. (Krellschuß)	plötzliches Zusam-menbrechen event. schlägeln, springt oft erst nach einigen Minuten wieder hoch taumeld - flüchtet	hell	mittelrot	meist wenig Schweiß je nach Kaliber langes Schnitthaar	heilt je nach Schuß gut aus
Äser, Gebrech	Schüttelt das Haupt		hellrot	Knochensplitter, Zähne kurzes Schnitthaar	nicht sofort tödlich, Wild verhungert und ver-durstet
Träger	Schüttelt das Haupt		Hellrot bis mittelrot	Durchschuß oder mit Schlundinhalt mittell. - langes Schnitthaar	Mit Schlundinhalt tödlich erst nach etwa 8 Std.
Lauf, Hammer	einknicken, geht flüchtig, humpelnd ab		mittelrot	wenig bis viel Schweiß je nach Höhe des Sch. Knochensplitter	Im Winter selten tödlich u. Ausheilung aber auffallend.

Uns jedenfalls holte wieder der tägliche Streß ein, der Oktober ging vorbei der Bock blieb im Wald. Ob die Einladung im nächsten Jahr noch bestehen würde? Ich war mir nicht so sicher, denn inzwischen wußte ich, daß die Frau von „unserem" Jäger nicht umsonst eifersüchtig war. Denn wie sagte eine Bekannte so treffend: "Wenn er seine Hände doch nur im Griff hätte"!!!

Doch vorerst trafen wir uns ohnedies nicht und in Zukunft nahm ich mir vor immer meinen Mann dazwischen zu setzen, wenn`s wieder gemeinsamen auf einen Hochsitz ging.

Auf jeden Fall konnten wir das Jagen nicht sein lassen und ein gutes Saubraterl ist auch nicht zu verachten, also machten wir uns auf den Weg nach Fischamend, denn da empfahl uns ein Bekannter ein Saugatter, größer als eine übliche Eigenjagd!

AUF SAUJAGD IN FISCHAMEND

Von unserer Wahlheimat aus nach Niederösterreich sind doch einige Stunden zu fahren, so beschlossen wir am Tag vorher anzureisen. Wir wollten erfrischt und entspannt sein, wenn wir die Guts- und Revierbesitzerin das erste Mal sehen würden.

Auch am nächsten Tag gingen wir es gemütlich an. Nach ausgiebigem Frühstück und anschließendem Spaziergang mit unseren Hunden, besuchten wir erst einmal die nächst gelegene Stadt, verbummelten die Zeit bis zum Mittagessen und machten uns dann frisch gestärkt auf den Weg. Das Gut, früher einmal sicher der Mittelpunkt eines riesigen Anwesens lag jetzt mitten in dem Ort, sogar in letzter Zeit waren noch Grundstücke verkauft worden um das Haus zu halten. Vom ehemaligen Glanz der alten Zeiten war nicht mehr viel übriggeblieben. Einzig der Pferdestall war hoch und sauber, die Boxen groß und Sonnenlicht flutete durch die riesigen Fenster herein.

Doch schon die Abrittfläche war auf das Minimum geschrumpft und kaum zwei Reitzirkel groß.
Das letzte bischen Grün, gleich anschließend, verwildert und umgrenzt mit einem zum Teil verwitterten Metallzaun. Freundlich begrüßte uns die Besitzerin und führte uns in einen kleinen Raum gleich nach dem schmalen Eingang, der früher der Dienstboteneingang gewesen sein mußte. Auch hier zeigte der Verfall seine traurigen Spuren, der Raum war vollgestopft mit den offenbar letzten wirklich wertvollen schweren dunklen Holzmöbeln, die von einem ehemaligen Reichtum zeugten.

Wir besprachen dort noch die letzten Details, wurden über den Ablauf der Jagd unterrichtet und schon waren wir vom Gut direkt ins nahe Revier unterwegs.

Als wir durch das hohe Gatter fuhren, hatte ich das Gefühl als würden wir eine Barriere überwinden. Der alte Baumbestand, der dicht mit braunem Laub bedeckte, breite Weg, als begrüße er uns in einer anderen Welt.
Tief im Wald, scheinbar mitten im Revier, gab es eine dunkel gebeizte Blockhütte als Treffpunkt. Im Sommer lud diese sicher zum verweilen und entspannen

ein, jetzt war alles verschlossen und für den Winter dicht gemacht. Eisige Kälte empfing uns als wir das Auto verließen. Inzwischen waren noch andere Jagdautos herangefahren. Türenschlagend stiegen alle aus, packten ihre Gewehre und Rucksäcke aus und kamen sich zunickend und begrüßend heran. Auch wir waren inzwischen startbereit und warteten wem wir zugeteilt würden.

Heute war großer Jagdtag.
Der Revierverantwortliche teilte alle Mannschaften ein, dann machten wir uns auf den Weg. Alle anderen kannten bereits ihre Hochstände und Partner und verschwanden sternförmig im Wald. Während der Revierjäger und ich eine Kirrung nach der anderen bedienten, hatten sich überall schon die Jäger auf den Ständen eingefunden und bereit gemacht. In den Fensteröffnungen konnte ich die Jägerhüte und darunter die Gewehrläufe erkennen, vorsichtig gegen Himmel gerichtet. Im Wald wurde es, obwohl es erst Nachmittag war, bereits dämmrig. Die teilweise spindeldürren, grauen Baumstämme waren kahl und grau und bildeten eine dichte Wand, wenn man an ihnen vorbeifuhr, ab und zu sah man Reh- und Dammwild dazwischen verschwinden.

Außer auf die wenigen freien Flächen, die wir passierten, drang kaum Licht herein. Wieder beschlich mich der Eindruck eines verwunschenen Waldes, wenn da nicht „mein" Jäger und sein Hund gewesen wären. Irgendwo - ich hatte die Orientierung verloren – blieben wir dann an einem Jungwald stehen und gingen zu unserem Ansitz von hinten heran. Ganz vorsichtig und leise betraten wir die geschlossene Kanzel, setzten uns beide.

Ich stellte meine Waffe zwischen den Beinen ab, so wie meist, wenn ich mich auf eine längere Wartezeit einrichte, und legte einen Holzbalken in der Nähe meines Unterarmes zum Abstützen bereit. Doch schon nach einer kurzen Weile entdeckte ich zwei Rehe am Mais, die da gemütlich zu fressen begannen.

Plötzlich warfen sie beide gleichzeitig das Haupt hoch und verschwanden links ab. „Da mußten doch die Sauen gleich kommen", und tatsächlich Minuten später erschienen sie von rechts, liefen auf den Mais zu und fingen in rasender Eile zu fressen an. Quiekend und grunzend stampften sie durcheinander. Die Frischlinge zwischen den Alten, die mittleren Überläufer flitzten hinterher, jeder wollte mehr erwischen als der andere.
Ich war erschrocken über die Geschwindigkeit des Szenenwechsels, damit hatte ich nicht gerechnet. Ich hob die Waffe und schwang sie über unseren Köpfen, um sie in Position zu bringen. Beinahe fegte ich den Hut vom Kopf meines Nachbarn. Noch im Augenwinkel erkannte ich den schiefen Filzer, den er sich gerade richtete, als die kleine Rotte vor uns bereits die Hälfte der Lichtung überquert hatte.

Rechts entdeckte ich zwei passende Nachzügler.
Gerade noch die Waffe aufgelegt verließ die Kugel bereits den Lauf - rumms - mit einem ohrenbetäubenden Knall übertönte sie das Quieken und Qietschen, plötzliche Stille.

Sehen hatte ich nichts können, das Schußlicht blendete noch immer meine Augen. Doch, daß die .300 mit einem Ruck zwischen meinen Achseln durch zurückgefahren war, erkannte ich mit Bestürzung.

Hatte ich getroffen? Die Sauen waren verschwunden! Da meldeten sich mit ruhigen Worten mein Jäger: “ Das paßt sicher, die hat gezeichnet!“

Na, so sicher war ich mir noch nicht. „Ich hole das Auto und den Hund, möchtest du schon vorgehen?“ fragte er. Natürlich wollte ich, damit konnte ich meine Ungeduld beruhigen. Als er weg war umfingen mich die Geräusche des Waldes, wie man sie nur in der angehenden Nacht zu hören bekommt. Hier ein leises Blätterrascheln dort eine Bewegung, ein kleiner Zweig fällt zu Boden. Ich packte meine Sachen zusammen und machte mich leise und zügig im wenigen Licht des restlichen Tages auf den Weg. Auf dem freien Platz auf dem man die Verwüstung der Rotte deutlich erkennen konnte war vorerst nichts zu finden. Erst ein Stückchen weiter im Wald entdeckte ich im Lichtkegel der Taschenlampe, die ich inzwischen einschalten hatte müssen, hellen glänzenden Lungenschweiß am dunklen Boden.

Ungeduldig wartete ich auf Herr und Hund, denn trotz breiter Schweißspur war es bereits zu dunkel um nach dem Wildschwein zu suchen. Timmy, der Hund hingegen schien mich fast auszulachen, ohne lange „Faxen“, lief er direkt zum Frischling, der unweit in einer Grube versteckt lag. Mit offenem Maul hechelnd sah er aus, als würde er über beide Wangen bis zu den Ohren hinauf grinsen.

„Brav Timmy“ wurde der Hund gelobt, während ich ihn erfreut streichelte, ging mein Jäger einen Eichenblattbruch suchen. Überglücklich nahm ich das Waidmanns Heil entgegen und reichte auch dem starken Frischling seinen letzten Bissen. Mit dem Beutebruch am Hut sammelten wir den kleinen Keiler ein, luden ihn auf um zum Treffpunkt zurückzukehren. Auf dem Weg dorthin fiel plötzlich noch ein Schuß. War es nicht schon viel zu dunkel?
Am Treffpunkt vermißten wir dann als einzigen Jäger meinen Mann, oje hoffentlich war alles gut gegangen. Doch sie kamen nicht! Nach einiger Zeit wurde es dem Aufsichtsjäger zu lange, er schnappte seinen Hund und wir fuhren beide um zu helfen.

Leider waren bei ihnen die Sauen erst zu spät eingetroffen. Trotzdem hatten sie einen Schuß gewagt. Bis jetzt hatten sie keine Anzeichen einer Schweißspur gefunden und waren froh, daß der Hund kam. Der Revierjäger, mein Mann und Timmy suchten zu Dritt alles sorgfältig ab, konnten aber nichts finden.Etwas beruhigter konnten wir nun den nächsten Tag abwarten.

Am nächsten Morgen bei hellem Tageslicht trafen wir uns noch einmal zur Nachsuchen, doch auch heute war keine Spur zu finden. Jetzt erst waren wir so richtig überzeugt, verabschiedeten uns schließlich und machten uns auf den Weg nach Hause. Die Sonnenstrahlen blitzten durch den dichten Wald und schickten die letzten Abschiedsgrüße hinter unserem Auto her, mit wenigstens einem „Saubraterl“ im Kofferraum.

DER JAHRESVERLAUF

Der Jänner kommt mit Eis und Schnee,
g`froane Zechn, a hasser Tee;
das Jahr beginnt, nimmt seinen Lauf
und hört erst im Dezember auf.

Dazwischen, wie solls anders sein,
schiab`n sich an Hauf`n Monat ein.
Mit Feber, März, April und Mai
ist so ein Jahr, lang nicht vorbei,
da fehlt der Juni und August,

fast grod der Juli in Verlust.
De Andern fall`n ma grod net ein
ich glaub no viere müssens sein.
Am besten i fang nomal an
i hoff jetzt kommt a jeder dran.

Der Jänner kommt mit Eis und Schnee,
g`froane Zechn, a hasser Tee;
das Jahr beginnt nimmt seinen Lauf
jetzt zähl i alle Monat auf.

Im Februar geht alls in Saft
da hat di Sonn no net ihr Kraft.
Der März der bringt die ersten Blia
O Gotteswunder nach der Gfria,
und launenhaft macht der Aprü
das Gegenteil was unser ana wü.

Dann kommt der Wonnemonat Mai
der geht wie d`Lieb gar schnell vorbei;
Der Juni hat sich's ausgedacht
bringt d`Bam und Gstreich in volle Pracht.

Das beste für die Julisunn,
is s`kalte Wasser ausn Brunn.

Die langen Schatten unterm Bam
gibt's nur bei uns drum bleibts daham.
Das Selbe, seits euch stets bewusst,
gilt a fürn nächsten, fürn August.

September wär a schöne Zeit
da Schulbeginn vadierbt die Freud.
Oktober der bringt zum Verdruß
die Erdäpfeln im Überfluß.
Damit man net verzweifeln tuan
san d`Weinbastöck grod zeidig wuarn.

November is, zünd`s d`Kerzn an
dasselbe hams vor uns schon tan.
Die Alten denken jetzt ans Sterb`n,
die Jungen hoffen das was erben.

Dezember ist, wo jeder Christ
zwoamol soviel wie sonsten frißt.
Statt das die Freud einwendig trog`n
dann se sie nur fürs Äußre plag`n.

Das alte Jahr wie solls anders sein
hört auf und rutscht in`s neue rein-
da Jänner kommt mit Eis und Schnee
g`froane Zechn, a haßer Tee;
das Jahr beginnt nimmt seinen Lauf,
i glaub jetzt hauts mi – drum hör i auf!

Wieder einmal war ein Jagdjahr zu Ende. Weihnachten stand vor der Tür und verlangte nach ein paar lieben Gewohnheiten, die ich nicht missen mochte.
Bei den Spaziergängen mit unseren Hunden durch den verschneiten Wald, wurde frisches Reisig gesammelt und jede
der Trophäen bekam von mir einen „Weihnachtsbruch“. Das Zimmer ist dann schon vor Weihnachten erfüllt mit dem Duft der Tannenzweige und der Kekse. Trotz allem Weihnachtsstreß, „weihnachtet“ es plötzlich.

Irgendwann fand ich im Internet ein Gedicht, welches sicher so mancher Jägerseele und vor allem mir aus dem Herzen spricht.

Jägerweihnacht

Ich mag nicht den lauten Trubel,
Ich flüchte mich ins Revier,
Dort halte ich Zwiegespräche.
Mit meinem Freunde, dem Tier.

Dort ist mir der Himmel so nahe,
Dort schau` ich in Gottes Gesicht,
Dort seh` ich das Kind in der Krippe
In Bethlehems Sternenlicht.

Dort kann ich in Ruhe beten,
Dort singe ich mit dem Wind,
Dort beuge ich meine Knie,
Und huldige dankend dem Kind..

Ich will nicht Mitleid und nicht Tränen,
sah vom Himmel ein Stück,
Weihnacht im Winterwalde,
Das ist ein berauschend Glück.

FUCHSJAGD IM ÖTZTAL

Kaum war das alte Jahr zu Ende und wir noch gefangen in nachweihnachtlicher Stimmung bekamen wir ein nettes Angebot von unserem Präparator und während andere die heiligen drei Könige zu sich kommen ließen, waren wir (zu ihnen) im Wald unterwegs.

Unser Präparator fand den Sommerfuchs nicht gut: "Da isch leider nix zu retten, bis auf d`Lunte, die kann i dir präparieren, aber wenn du willsch kannst bei mir an ordentlich`n Fuchs jagen, den i dir herrichten kann, ö!"

Ja fein, das Angebot nahm ich gerne an und schon stand für dieses Jahr eine Jagdeinladung auf dem Kalender. Allerdings gab ich sie an meinen Mann weiter, nur mitnehmen mußte er mich dafür. An einem Samstag-Nachmittag fuhren wir ins Ötztal, um uns mit unserem Gönner zu treffen. Er brachte uns über einen Jägernotweg in ein Gebiet seines Reviers in dem er einen starken Rüden wußte. Schon eine Zeit lang hatte er ihm aufgelauert, aber der schlaue Geselle war ihm stets entkommen.

Meinem Mann und mir war klar, daß wir in der Schlafkanzel bis zum nächsten Morgen warten mußten, ob mit oder ohne Fuchs, denn wir konnten mit unseren Waffen nicht ohne unserem Gastgeber über den Jägernotweg durch das fremde Revier gehen, doch das war uns egal. Im Gegenteil, wir liebten solche außergewöhnlichen Jagden.

Am frühen Nachmittag standen wir dann vor unserer „Unterkunft“ die wir bis zum nächsten Tag „bewohnen“ würden.
Die Kanzel war an der Forststraße in einen Baum gebaut worden. Mit einer schmalen Hängebrücke konnte man die Schlucht überwinden und zu dem „Hüttchen“ gelangen. Über der Kanzel bildete der Wipfel der mächtigen Tanne ein Dach aus dunkelgrünen, dichten Nadeln. Mein Mann und ich zwängten uns durch eine quadratische Bodenluke in das Innere, verstauten Rucksack und Waffen und öffneten das große Fenster. Sofort drang die eisige Kälte herein aber die dicke Daunendecke, die bereit lag machte den Aufenthalt trotzdem erträglich.

Schnell beschlossen wir uns noch einmal zu erleichtern bevor das stundenlange Warten begann, denn der Aus- bzw. Einstieg war nicht nur beschwerlich, sondern auch mit erheblichen Geräuschen verbunden.
Langsam wurde es Abend, die Schatten der Bäume ringsum länger und länger. Kaum 20m vor uns verlief die Forststraße in einem 360° Bogen den Berg hinauf und verschwand im dunklen Wald. Die Straße war gut zu sehen da sie mit Schnee bedeckt war. In ihm fing sich das diffuse Licht des Mondes,

jede Schneehaube stach hell hervor, alles andere lag in undurchdringlichem Dunkel. Stunde um Stunde verharrten wir fast regungslos, da der Fuchs in nächster Nähe seinen Luderplatz hatte.
Plötzlich vernahm ich ein Schnaufen, "Warst du das?" flüsterte ich leise ins Ohr meines Mannes, er schüttelte den Kopf. Wir sahen dann bis zum nächsten Morgen keinen Fuchs mehr, mir war inzwischen klar geworden, daß dies der Fuchs gewesen sein mußte, der lag irgendwo in seinem Kessel und bedankte sich für meine „Dummheit"! Am liebsten hätte ich mir die Zunge abgebissen.
Als uns unser Jagdfreund abholte, mußte ich ihm natürlich gleich von meinem Mißgeschick berichten. Er grinste über das ganze Gesicht, doch wir durften es noch einmal versuchen. Dann jedoch wollte ich wo anders sitzen, damit ich meinem Mann nicht wieder den Fuchs verjagen konnte.

Saudumme Idee, denn was ich mir damit antat konnte ich nicht ahnen!
Am nächsten Wochenende setzte er meinen Mann wieder an der Schlafkanzel ab, mich führte er mit seinem Jeep noch ein gutes Stück weiter den Berg hoch. Dann zeigte er mir am Steilhang einen kleinen Bodensitz, das würde für diese Nacht mein Platz sein.
Im abendlichen Licht gingen wir gemeinsam hoch. Als er die krumme Holztüre öffnete ahnte ich bereits, daß dies eine kalte Nacht werden würde. Der Bodensitz war aus alten Baumstämmen zusammengezimmert und schmiegte sich, eng zwischen die Wurzeln eines riesigen Nadelbaumes. Von dem dicken Stamm wurde praktisch eine Seite ganz abgedeckte. Die Rückwand bildete das Erdreich des Berges.
Durch die Hanglage blieb zwischen Dach und Rückwand eine Luke, durch die man im Sommer den Berg hinauf blicken konnte. Jetzt verschloß unser Bekannter sie schnell mit einem dünnen Brett, welches er von der Decke nach unten klappte. Das Dach reichte über die Öffnung der gesamten Vorderfront und stützte sich auf einem dicken Ast. Damit der Bodensitz nicht zusammenklappte, waren noch unbehandelte Stämme quer über die dünnen Wände genagelt worden.

Zum Sitzen hatte ich ein 20cm breites Brett ohne Lehne. Das wird schon nicht so schlimm werden, dachte ich. Ich hatte eine Decke, eine Thermosflasche Tee und zur Sicherheit auch noch ein bischen Schnaps zum Warmhalten mit. Außerdem natürlich dicke Kleidung und zwei Paar dicke Socken an.

Ringsherum lag die gesamte Bergwelt unter einer dicken Schneedecke vergraben. Die Vertiefung der Reifen vom Jeep, war die einzige menschliche Spur in diesem vergessenen Hochwald.
Ich bekam noch gezeigte wo der Fuchs normalerweise hochkommt, in welcher Richtung ich aufpassen mußte. Ich war mir nicht ganz sicher, aber ich schätzte die Entfernung auf etwa 150m weit, oje und ich hatte nur die 222. mitgenommen. Ob ich mit der leichten Kugel überhaupt eine Chance hatte, und außerdem mußte ich bergab schießen, aber einmal abwarten, waren meine Gedanken, vor allem wollte ich diesmal meinen Mann alleine Sitzen lassen. Immer noch hätte ich etwas sagen können, aber „Also dann bis morgen früh!“, verabschiedete ich mich, ich würde es schon überstehen, dachte ich. Dann hörte ich noch den Jeep zurückschieben, während ich bereits meine Sachen auspackte. Die .222er stellte ich griffbereit an die Seite, der Rucksack kam neben mir auf das Brett und die Thermoskanne stellte ich hinter mich auf den Erdwall. In die Decke wickelte ich mich sofort ein, damit mir erst gar nicht kalt würde, dachte ich.

Aufmerksam beobachtete ich die Umgebung, gedämpfte Stille, eine Stille die nur durch „dicken“ Schnee entsteht, umfing mich. Allmählich änderte sich das Licht bis ich bemerkte, das bereits der Mond hell herunterleuchtete. Das warme Licht hatte sich in kaltes, fast phosphoreszierendes, Weiß verwandelt, aber an Stärke praktisch nichts eingebüßt. Noch immer umgab mich gespenstische Stille, kein Nachtvogel meldete sich kein „Mäuseln“ oder sonst irgendein Geräusch war zu hören.

Langsam kroch die Kälte durch die Fußsohlen meiner Bergschuhe. Ich wartete erst zwei Stunden, das konnte doch nicht sein, ich ignorierte die kalten Füße. Doch schließlich wurde mir allgemein so kalt, daß ich zum heißen Tee griff. Aber die Thermoskanne war eisig, der Tee ebenso, enttäuscht stellte ich die Kanne wieder zurück, sie mußte kaputt sein. Sonst hielt sie 24 Stunden warm und man verbrannte sich nach sechs Stunden noch den Mund am heißen Tee. Ich stöberte nach dem Schnapsfläschchen, wenigstens der Obstler rann scharf die Kehle hinunter und weckte ein wenig die eingefrorenen Lebensgeister.

Gegen Mitternacht fror ich dann bereits, als wäre ich im Schnee vergraben. Ich verstand einfach nicht, wieso meine Füße, trotz zwei Paar dicker Socken, so eisig waren. Im Dunklen, denn Licht traute ich mich keines zu verwenden, tastete ich den Boden ab. Fels - ich stand auf nacktem Fels! Das ich das nicht bemerkt hatte! Ich wickelte mich wie eine Sardine in die Decke, setzte mich auf das Brett und stellte auch die Beine mit angewinkelten Knien darauf. Anlehnen konnte ich mich nur an einem quer verlaufenden Rundling. Immer noch mußte ich mit acht Stunden Wartezeit rechnen. Mir war bereits jetzt so kalt, daß ich vor lauter Zittern nicht schlafen konnte, aber wenigstens die Füße tauten wieder auf.

Während ich da so eingerollt in meiner Decke saß und zwischendurch „eindöste“, prasselten plötzlich Steine an die hintere Klappe und auf das Dach, und rissen mich aus meiner Ruhe. Die Kälte war für einen Moment vergessen, jetzt und jetzt erwartete ich, daß ein Fuchs bei meinem Fenster hereinsehen würde. Ich glaube ich hatte bereits Wahnvorstellungen! Gebannt wartete ich ab, aber nichts geschah. Nach einer Weile verfiel ich wieder in erfrierendes Warten.

Um ca. drei Uhr früh mußte ich vor lauter Erschöpfung doch eingenickt sein, denn als ich mit einem Ruck erwachte und sofort zum Abhang sah, wo der Fuchs schnüren sollte, war der tatsächlich schon da gewesen! Im Mondlicht zeichnete sich deutlich seine Spur im sonst unberührten Schneefeld ab.

Ich war sprachlos, in der einzigen halben Stunde in der ich nicht wach gewesen war, war der Fuchs vorbeigelaufen. Ich war maßlos verärgert. Mir war kalt und ich wollte nicht mehr. „Ich packe meine Sachen und geh jetzt los“, dachte ich, „ist mir völlig egal dieser Jägernotweg!“ Schließlich siegte dann doch die Vernunft, wenigstens muß ich nicht mehr aufpassen, ob da ein Fuchs daherkommt, schluckte ich meinen Ärger runter, rollte mich wieder zusammen und versuchte durch Schlafen die Zeit zu überbrücken - immer noch vier Stunden Wartezeit.

Kurz vor fünf hielt ich es trotzdem nicht mehr aus und rief meinen Mann an, Fuchs würde ich ohnedies keinen mehr verjagen und ich wollte jetzt wenigstens seine Stimme hören. Glücklich rief er durch das Telefon, „Ich habe ein Waidmanns Heil gehabt, der Fuchs liegt, um vier Uhr habe ich ihn erwischt!“

Ich war so erfroren, daß ich Mühe hatte mich mit ihm zu freuen, aber wenigstens hatte er seinen Fuchs bekommen tröstete ich mich. Als ich endlich um acht Uhr das Auto kommen hörte und meinen Mann mit dem starken Fuchs sah, konnte ich schon wieder lachen und für ein paar Erinnerungsfotos Modell stehen. Unser Bekannter heizte dann auch ordentlich ein, während seine Hunde fröhlich nebenher laufend den morgendlichen Ausflug genossen.

Die wohlige Wärme, die mich im Auto umfing, während wir die steile Bergstraße hinunterfuhren und die Freude meines Mannes über unseren prächtigen Fuchs, entschädigten mich für all die Strapazen der vergangenen Nacht. Denn eigentlich war meine „Rechnung“ ja aufgegangen, wenn ich mir das auch etwas anders vorgestellt hatte.

Fünfzehn Stunden in eisiger Kälte waren schon eine Härteprobe gewesen und jedes Mal, wenn ich zum Fuchs an der Wand hochsehe, erinnere ich mich an diese fünfzehn Stunden.

Andererseits wer kann sonst noch so eine Geschichte erzählen!

Mein Mann hat es mir jedenfalls nicht vergessen, beim nächsten Weihnachtsfest lag ein dicker Ansitzsack unter dem Christbaum,

danke lieber Weihnachtsmann!

Winterbild

Einsam das Forsthaus,
Der Berg verschneit!
Still stehen die Räder
Und still die Zeit.

Da sitzt im Stüblein
Beim Feuerschein
Ein blondes Mägdlein,
Sie sitzt allein.

Es fallen die Flocken,
Es stürmt der Wind;
Sie sitzt am Rocken
Und spinnt und spinnt.

Die Funken knistern
Sie hört es kaum -,
Sie spinnt an der Kinkel
Den alten Traum.

Den Traum vom Liebsten
Und Maienzeit - ,
Doch Lieb ist wendisch
Und Mai ist weit!

Es fliegt die Spindel
Hinab, hinauf - -,
Da pocht`s ans Fenster:

„Herzlieb, tu auf!

Meine Einladung zum „Vorjahres-Bock“ wurde bestätigt, Und kaum war der Juli da, kam auch pünktlich der Anruf. „Lange genug Zeit ist vergangen, die Böcke lachen schon wieder, wann treffen wir uns zur Jagd?“

FUCHS ODER BOCK?

Mein Mann hatte gerade seine 7x64, die einen neuen Lauf bekommen hatte, abgeholt. Er war eben dabei sie neu einzuschießen, als am gleichen Tag unser Jagdherr zur „Bocksuche“ aufgerufen hatte. So kam er gleich vom Schießstand mit der 7x64er zum Treffpunkt. Du schießt den Fuchs, wenn einer kommt und ich krieg den Bock, vereinbarten wir am Parkplatz. Unser Bekannter lachte, gut dann weiß ich schon zu welcher Wiese wir gehen.
Wir stiegen alle in sein Auto um und starteten ins Revier. Gleich nach dem wir in den Wald eingefahren waren überquerten wir eine Brücke, an der wir schon oft in dem Gebirgsbach so manches Reh versorgt hatten. Auch heute wieder begrüßte uns das wilde Rauschen des glasklaren Wassers, bis wir um die nächste Kurve verschwunden waren. Links und rechts durchforsteten wir den dichten Nadelwald mit unseren Blicken. Wir fuhren ganz langsam, damit uns auch nichts entging. Irgendwann, vor einer Linkskurve konnte man weit bis in das Tal hinunter sehen, wir blieben kurz stehen und beobachteten mit unseren Ferngläsern die Umgebung.

Jede interessante Entdeckung teilten wir einander mit, auch wenn es oft nur Kleinigkeiten waren, hier ein „Feger“, dort ein „Plätzplatz“, alles erschien wichtig.

Schließlich bogen wir in einen schmalen Seitenweg ab und parkten auf einem freien Platz mitten im Wald. Von dort weg gingen wir die letzten Meter über einen Fußweg zur Wiese. Auf diese Weise konnten wir den versteckten Hochstand unbeobachtet erreichen. Zuerst unser Bekannter, dann bestiegen mein Mann und ich leise die Leiter. Unser Jagdherr richtete sein Fernglas her, wir beide unsere Büchsen.

Vor uns lag nur ein kleiner Teil der Wiese. Links hinauf etwa siebzig Meter bis zum Waldrand, der die Wiese kreisförmig einschloß und bis zu unserm Hochstand zurückführte. Rechts von uns lief, im neunzig Grad Winkel, der Waldrand weiter und verschwand, so wie auch die Wiese, bergab hinter einer Senke. Vor uns in der Ferne, von links nach rechts weg, führte der Waldrand ein Stück weiter und verschwand ebenfalls in der Senke bergab.
Außer diesem kleinen Stücken Wiese sah man nur hohen dunklen Mischwald.
Während ich meine Augen über die Umgebung schweifen ließ und dabei gleichzeitig nach Wild Ausschau hielt, entdeckte ich plötzlich etwa rotes im hohen Gras.
„Fuchs, Fuchs“, rief ich leise meinem Mann zu. Der holte die Waffe zwischen seinen Füßen hervor, legte über einen Ast an, visierte kurz --------- Bumm ---- krachte der Schuß.

Unser Freund schreckte auf, “Wo, wo?“

„Der liegt schon“, sagte ich lustig, „ich seh` grad noch seine Ohrenspitzen umfallen.“
Unser Bekannter wollte sofort suchen gehen, aber ich hielt ihn zurück: “Wart noch ein bischen“, sagte ich, „jetzt

kommt noch mein Bock.“ Es war kaum eine viertel Stunde vergangen, als unter unserem Hochstand ein zarter Jahrling unten uns durch marschierte.
Mit dem Fernglas, mit 50-facher Vergrößerung, sah mein Jagdnachbar über seine Schulter nach unten und flüsterte: “Ein gewaltiger Bock, der da vorbeikommt!“
Jetzt hielt uns natürlich nichts mehr zurück, „glucksend“ vor lachen kletterten wir rasch die Leiter nach unten. Das schwache Licht mahnte auch schon dringend nach dem Fuchs zu suchen. Und tatsächlich hätten wir ihn bald nicht mehr gefunden. Wir mußten systematisch fast eine Stunde lang den Hang durchkämmen bis wir ihn endlich in der hohen Wiese entdeckten.

So unglaublich es war, der Fuchs war, trotz der großen Verwundung, doch noch umgedreht und lag zehn Meter von der Stelle entfernt bergauf, von wo wir ihn niedergehen gesehen hatten. Voller Freude über den erfolgreichen Abend, machten wir nun nur noch ein paar Erinnerungsfotos, bevor wir ein wenig feiern gingen.

Hätten wir einen Jagdhund dabei gehabt, hätten wir den Fuchs sicher schneller gefunden!

Wie heißt es doch:

Ohne Schießeisen kann man no grecht jagern,
ohne tüchtigen Hund koa gscheiter Jäger sein!

DER WAIDMANN

„Das Schießen allein macht den Jäger nicht aus,
wer weiter nichts kann, bleibe lieber zu Haus.
Doch wer sich ergötzt an Wild und an Wald,
auch wenn es nicht blitzt und wenn es nicht knallt.
Und wer noch hinaus zieht zur jagdlosen Zeit,
wenn Heide und Holz sind vereist und verschneit,
wenn mager die Äsung und bitter die Not,
und hinter dem Wild einher schleicht der Tod.
Und wer ihm dann wehret, ist Waidmann allein,
denn Heger und Pfleger kann Jäger nur sein.

Wer bloß um das Schießen hinausging zur Jagd,
zum Waidmanne hat er es niemals gebracht."

DAS ÜBERRASCHENDE ENDE MEINER BOCKJAGD

Diesmal trafen wir uns bei einer Wiese nahe dem Dorf, hinter einem Bauernhof. Von dort weg mußten wir noch einen Traktorweg hochfahren, um das obere Ende der Weide zu erreichen. Direkt am Waldrand gelegen bot sie, mit ihren sanften Hügeln, einen wundervollen Anblick. Auf der oberen Weide stand hohes, feines, hellgrünes Gras, dazwischen viele zarte Wild-Blüten. Ungefähr nach einem Drittel wechselte sich das hohe Gras mit der saftigen kurz geschnittenen Wiese ab, alles umsäumt von einem Spazierweg an einem undurchdringlichen Wald.

Mit Erlaubnis des Bauern konnten wir unser Auto bei seiner großen Scheune abstellen. Doch dort angekommen schickte mich unser Jagdbegleiter alleine los, die Männer wollten im Auto bleiben und abwarten. Vorsichtig ging ich den Zaun entlang bis zum Hochstand, der direkt am dicken Stamm eines riesigen Nadelbaumes lehnte.

Eine senkrechte Leiter führte auf den nur wenige Meter hohen Sitz. Ich mußte unter einem grünen Teppich durchschlüpfen der vornüber genagelt die gesamte Front verdeckte, außer meinem Kopf konnte man nichts mehr sehen. Leise richtete ich mich ein. Ich saß zu tief, konnte meine Waffe nicht richtig in Anschlag bringen!

Schnell mußte ich eine Lösung finden, denn ich wußte nicht, wie viel Zeit ich hatte, bis sich vielleicht ein Bock zeigen würde. Mein Rucksack war wieder einmal die Lösung, ich setzte mich drauf. Endlich konnte ich die Umgebung gut einsehen.

Mit Genuß nahm ich die Ruhe auf, sog tief die würzige Luft ein und verharrtem, in die Stille lauschend. Langsam drangen die Umgebungsgeräusche an mein Ohr, ließen sich allmählich unterscheiden. Das Summen der Insekten, die Hintergrundgeräusche des nahen Dorfes, den leisen Wind, das Plätschern des Baches, den Gesang der Vögel!

Links der nahe Wald, der durch einen Holzzaun begrenzt wurde. Vor mir weitläufig bis rechts hinter einen Hügelkamm verschwindend, die saftige grüne Wiese mit all ihren Gräsern und blühenden Blumen.
Still harrte ich aus, alle Sinne gespannt jedes Geräusch in mich aufnehmend, - die Sonne ging langsam unter. In hellem Abendlicht wurde es nun Zeit zu fiepen. Da ich keine Uhr dabei hatte, richtete ich mich nach meinem Gefühl, fiepte, wartete wieder ab, sah mich um.

Und wieder passierte es, ich hatte alles genau beobachtet, doch plötzlich stand ein Bock direkt vor mir, zupfte an den saftigen Blättern und sah genau in meine Richtung!

Ich erstarrte Sekunden lang überrascht. Dann richtete ich schnell die Waffe. Doch in diesem Moment drehte er rechts weg, ich sah nur noch seinen Spiegel (Hinterteil). Langsam aber stetig begann der Bock von mir weg zu ziehen. Die Waffe blieb im Anschlag. Ich hoffte darauf, daß er wieder stehen bleiben würde. Doch der Bock dachte gar nicht daran so schnell sein Leben zu lassen und mir die Schulter zuzudrehen. Genüßlich rupfte er an den fetten Blättern, neigte sein Haupt kaum einmal nach links oder nach rechts und „marschierte“ weiter. Unaufhörlich folgte er einem imaginären Weg, ohne ein einziges Mal anzuhalten.

Meine Waffe weiterhin im Anschlag, griff ich nach der Rehfiepe und hoffte ihn zum Verharren zu bringen. Doch nichts nützte, auch nicht als ich schon mit vollen Backen einen Pfeifton hineinblies. Die Pfeife gab einen grellen Ton von sich, der Rehbock marschierte weiter. Immer kleiner wurde er, bald würde er verschwunden sein. Meine Chancen waren winzig, er war schon geschätzte 140m weit weg. Wenn er doch nur noch einmal kurz anhalten würde.

Dann plötzlich, blieb er tatsächlich kurz stehen, drehte seinen Oberkörper ein wenig nach links, - in derselben Sekunde zog ich durch, die Kugel flog!
Ich mußte es einfach riskieren, daß vielleicht Grashalme dazwischen waren, konnte ich nicht erkennen. Die Entfernung war schon zu groß um Überlegungen anzustellen, meine einzige Chance - es mußte gelingen. Ich hörte den Knall der .243er nur nebenbei, denn ich sah den Bock in weiten Sprüngen über die Wiese, Richtung Zaun, rechts ab flüchten und weg war er!

Überrascht zwang ich mich - wenigstens kurz – zu warten.

Dann packte ich meine .243, die ich beinahe aus meinen zittrigen Händen fallen ließ, und kletterte den Sitz hinunter. Langsam ging ich zum Anschuß und folgte dem deutlichen „Trampelpfad“ bis zu der Stelle, wo ich ihn verschwinden gesehen hatte. Ich konnte nichts finden, keinen Schweiß nichts! Mit ratlosem Gesicht ging ich zurück und suchte meine Begleiter. Doch die kamen schon auf mich zu. Sie hatten den Schuß gehört!

Mein Jagdherr ging mit mir mit und wir überlegten was passiert sein konnte, suchten Schritt für Schritt den Weg des Bockes ab, während mein Mann oberhalb von uns das gleiche tat, der Bock war einfach nicht zu finden, auch kein Schweiß (Blut) oder sonstige Zeichen. Bereits enttäuscht im Gespräch mit meinem Jagdbegleiter vertieft, rief plötzlich mein Mann „Weidmanns Heil - Da liegt er, im hohen Gras versteckt!“, der Bock hatte es gerade noch bis zum Zaun geschafft und war dort zusammengesunken. Ohne die aufmerksamen Augen meines Mannes hätten wir ihn nie gefunden. Wieder schoß mir der Gedanke nach einem Jagdhund durch den Kopf.

Erleichtert gab ich meinem Bock seinen letzten Bissen und ich bekam meinen Bruch. Das „Weidmanns Heil“ begossen wir mit einem kleinen „Jagaschnapserl“.

Das konnte ich nach dem Schock jetzt wirklich gut gebrauchen. Auch ein Foto durfte natürlich nicht fehlen!

Doch da entdeckte ich plötzlich eine breite Narbe auf seinem Rücken, war das am Ende der überschossene Bock vom letzten Jahr? Die Richtung der Narbe, das Gebiet, alles paßte unglaublich gut zusammen! Auch heute noch, trotz aller Zweifel meiner Jagdkameraden, bin ich fest davon überzeugt, daß dies der Bock war, den ich im Jahr davor überschossen hatte.

Vielleicht ist es Einbildung, jedoch „Jägerlatein„ ist es, wie man sieht, keines!

Die Jagd geht weiter, wir Frauen sind dabei!

ERLEBNISSE

GEDICHTE

REZEPTE

Autor: ***Strizsik Evelyn geboren am 01.10.1960***

Wechselte oft ihre Heimatorte bis sie
in Tirol eine zweite Heimat fand.
Schon immer war ihr die Natur sehr nahe.
Mit 18 Jahren machte sie die Jagdprüfung
und begann ihre Jagderlebnisse als Tagebuch
mit allen technischen Daten und den Erlebnissen
aufzuschreiben. Daraus entstanden ihre Bücher,
mit ihren Erlebnissen, dem praktischen Teil
Kochen und ein wenig zum Nachdenken die
Gedichte.

(Die Fotos sind aus eigenem Archiv und teilweise sehr alt.)